Eva-Maria Dreyer

<u>Basic</u>

Blumen

158 ARTEN
für deine
Jackentasche
—

KOSMOS

Schnell zur richtigen Art mit dem
KOSMOS-FARBCODE

DER KOSMOS-FARBCODE orientiert sich an den Blütenfarben. Zur Orientierung in diesem Buch werden die 5 Grundfarben Weiß, Gelb, Rot, Blau und Grün/Braun verwendet. Aber Blumen halten sich nicht immer an diese Einteilung. Je nach Bodenbeschaffenheit gibt es Zwischentöne wie etwa Rosa, Lila oder Violett. Diese sind immer bei der Farbe einsortiert, der sie am nächsten stehen. So zeigen violette Blüten verschiedene Farbnuancen zwischen Rot und Blau. Sehen sie eher rotviolett aus, sind sie in der Hauptgruppe Rot einsortiert, erscheinen sie eher blauviolett, findest du sie in der Hauptgruppe Blau. Wenn du unschlüssig bist, schaust du bei beiden Grundfarben nach.

SEITE 6 BIS 37
Weiße Blüten

Weiß oder ein Hauch von Farbe

Die Farbgruppe Weiß umfasst neben reinweißen und cremeweißen Blüten auch solche Arten, deren Blütenblätter oft eine andere Farbeimischung haben.
→ So charakterisieren die weißen Blütenblätter des Wald-Sauerklees rosa Adern.
→ Das Gänseblümchen besitzt einen Kranz weißer »Blütenblätter« um ein gelbes Zentrum.
→ Und vom Hohlen Lerchensporn gibt es weiß- und rotblühende Exemplare in einem Bestand.

Was heißt wie an einer Blume?

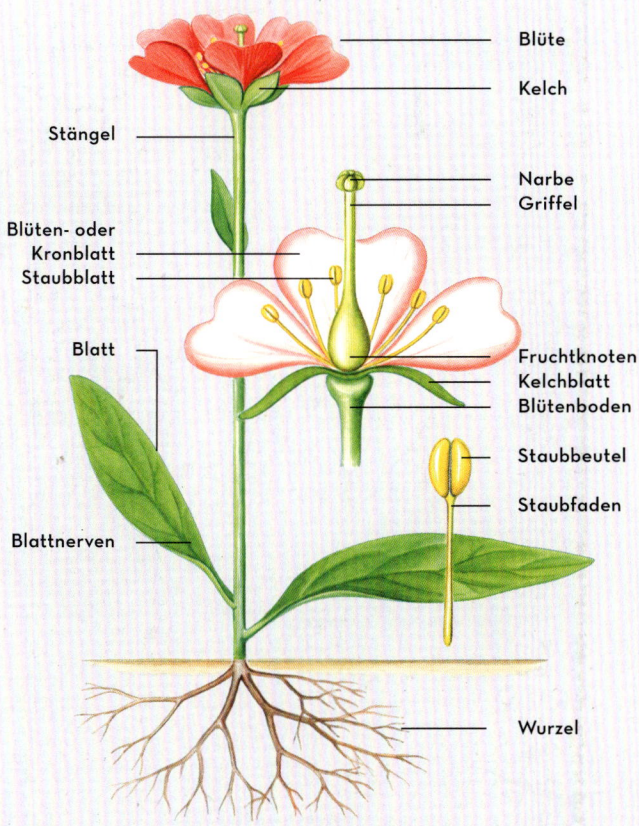

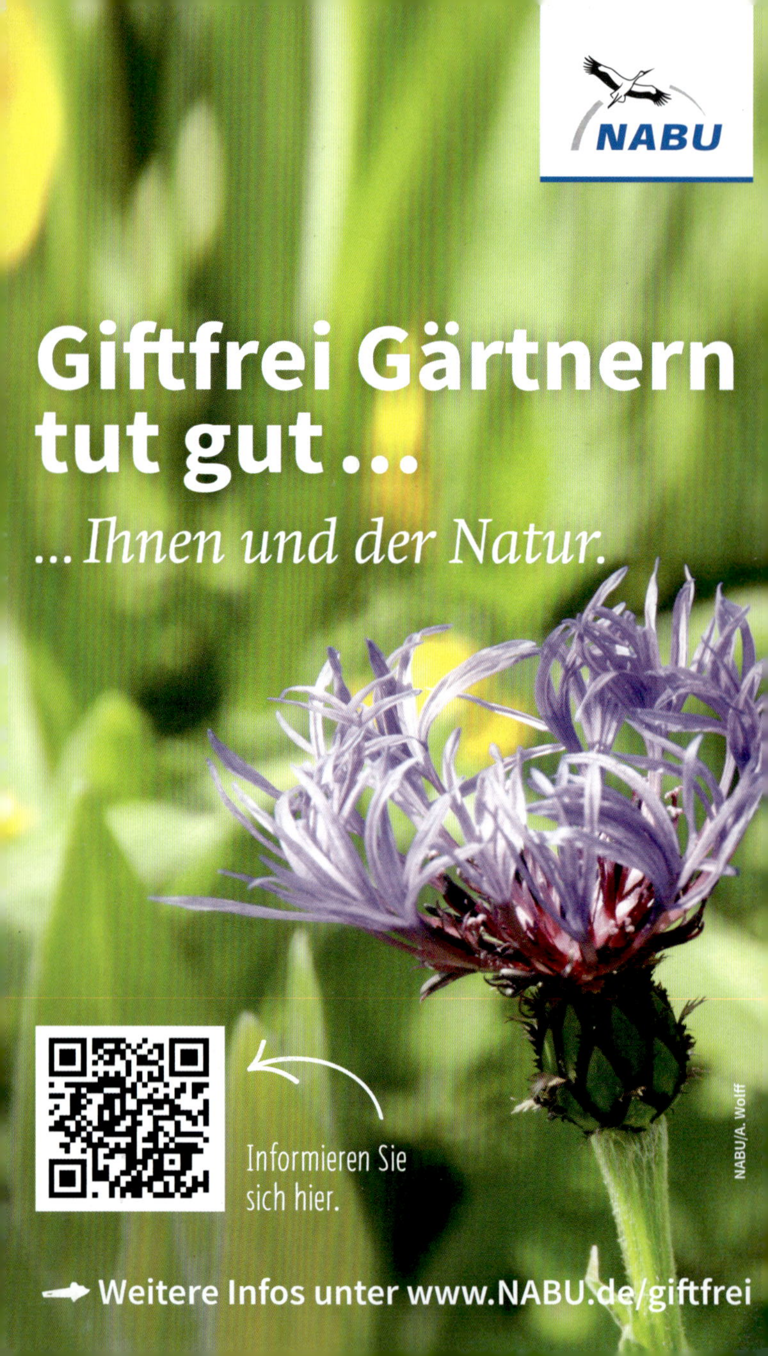

Giftfrei Gärtnern tut gut…

…Ihnen und der Natur.

Informieren Sie sich hier.

➡ Weitere Infos unter www.NABU.de/giftfrei

Ihre Themen
—— Unser Newsletter

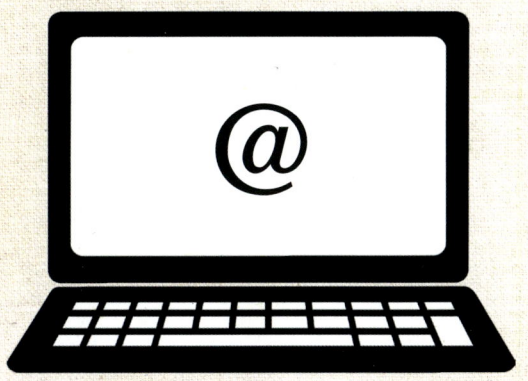

Sie möchten regelmäßig aktuelle Neuigkeiten, Informationen und Angebote zum Thema Natur erhalten?

**Fundiert recherchiert — Wissen aus der Praxis
Alles Wichtige auf einen Blick**

Dann melden Sie sich jetzt für unseren Newsletter an.

www.kosmos.de/newsletter

Bildnachweis

Heiko Bellmann/Frank Hecker (39): 9 l, 11 beide, 23 l, 23 r, 26 klein, 29 l, 32 r, 33 l, 33 r, 34 groß, 37 l, 45 l, 48 groß, 49 r, 50 groß, 51 l, 54 groß, 55 r, 59 l, 60 l, 62 groß, 63 klein, 65 l, 65 r, 74 groß, 83 groß, 85 r, 92 groß, 99 r, 100 beide, 107 r, 111 r, 117 r, 118 groß, 119 l, 121 l, 121 r; **Blickwinkel über Hecker**: 14 klein, 15 l, 19 l, 19 r, 64 klein, 72 klein, 74 klein, 84 groß, 86 beide, 87 klein, 120 l; **Michael Hassler**: 27 l; **Frank Hecker**: 8 l, 8 r, 9 r, 10 beide, 12 beide, 13 l, 13 r, 14 groß, 15 r, 16 beide, 17 beide, 18 beide, 20 beide, 21 l, 21 r, 22 l, 22 r, 24 l, 24 r, 25 l, 25 r, 26 groß, 27 l, 28 beide, 29 r, 30 beide, 31 beide, 32 l, 34 klein, 35 l, 35 r, 36 beide, 37 r, 40 beide, 41 l, 41 r, 42 beide, 43 l, 43 r, 44 beide, 45 r, 46 beide, 47 beide, 48 klein, 49 l, 50 klein, 51 r, 52 beide, 53 l, 53 r, 54 klein, 55 l, 56 beide, 57 l, 57 r, 58 l, 58 r, 59 r, 60 r, 61 l, 61 r, 62 klein, 63 groß, 68 beide, 69 beide, 70 beide, 71 beide, 72 groß, 73 l, 73 r, 75 beide, 76 beide, 77 beide, 78 beide, 79 l, 79 r, 80 beide, 81 l, 81 r, 82 beide, 83 klein, 84 klein, 85 l, 87 groß, 88 beide, 89 l, 89 r, 90 beide, 91 l, 91 r, 92 klein, 93 l, 93 r, 94 beide, 95 beide, 98 beide, 99 l, 101 l, 101 r, 102 beide, 103 l, 103 r, 104 beide, 105 l, 105 r, 106 beide, 107 l, 108 beide, 109 l, 109 r, 110 l, 110 r, 111 l, 114 l, 114 r, 115 l, 115 r, 116 l, 116 r, 117 l, 118 klein, 119 l, 120 l.

Illustrationen: **shutterstock** (3): Umschlagklappe vorne innen links und rechts oben; 2–4; **Stefanie Wawer** (4): Umschlagklappe vorne innen rechts unten, 5; **Marianne Golte-Bechtle/Kosmos** (17): 6 unten, 7 unten, 38, 39 unten, 66–67, 96, 97 unten, 112–113, 128); **Sigrid Haag**/Kosmos (3): 7 oben, 39 oben, 97 oben; **Wolfgang Lang** (25): Umschlagklappen hinten links und rechts sowie **Roland Spohn** (1): 6 oben.

Impressum

Umschlaggestaltung von GRAMISCI Editorial Design (Claudia Geffert), München, unter Verwendung eines Farbfotos von iStock/myslitel. Das Bild zeigt ein Vergissmeinnicht.
Die Illustrationen auf der Umschlagklappe vorne außen sowie das Foto auf der Umschlagklappe vorne innen links stammen aus dem Innenteil.

Mit 212 Farbfotos und 53 Illustrationen.

Unser gesamtes lieferbares Programm finden Sie unter **kosmos.de**.
Über Neuigkeiten informieren Sie regelmäßig unsere Newsletter, einfach anmelden unter **kosmos.de/newsletter**

Gedruckt auf chlorfrei gebleichtem Papier

© 2022, Franckh-Kosmos Verlags-GmbH & Co. KG, Stuttgart
Alle Rechte vorbehalten
ISBN 978-3-440-17389-3
Projektleitung: Claudia Salata
Redaktion und Satz: Barbara Kiesewetter, Redaktionsbüro, München
Produktion: Markus Schärtlein
Gestaltungskonzept: GRAMISCI Editorial Design (Claudia Geffert), München
Druck und Bindung: Friedrich Pustet GmbH & Co. KG, Regensburg
Printed in Germany / Imprimé en Allemagne

Pulmonaria officinalis 102
Quendel 95

R
Rainfarn 56
Rainkohl 60
Ranunculus acris 48
– aquatilis 24
– ficaria 60
Rhinanthus minor 65
Rohrkolben, Breitblättriger 116
Rumex acetosa 70

S
Salvia pratensis 109
Sanguisorba officinalis 69
Sauerampfer, Großer 70
Schafgarbe 29
Scharbockskraut 60
Schaumkraut, Bitteres 8
Schlangen-Knöterich 76
Schlüsselblume, Echte 50
Schneeglöckchen 33
Schöllkraut 40
Scrophularia nodosa 121
Sedum acre 53
Senecio vulgaris 55
Sherardia arvensis 73
Silene dioica 75
– flos-cuculi 74
– vulgaris 25
Sinapis arvensis 41
Sisymbrium officinale 41
Solanum dulcamara 101
Solidago canadensis 55
Sparganium erectum 117
Spitz-Wegerich 115
Springkraut, Drüsiges 92
-, Echtes 65
Stachys sylvatica 93
Steinklee, Echter 63
-, Weißer 35
Stellaria holostea 24
– media 25
Sternmiere, Große 24
Stink-Storchschnabel 80
Strandaster 105
Sumpf-Dotterblume 46
Sumpf-Schwertlilie 59
Sumpf-Vergissmeinnicht 103
Symphytum officinale 81

T
Tanacetum vulgare 56
Taraxacum sect. Ruderalia 58
Taubenkropf-Leimkraut 25
Taubnessel, Rote 91
-, Weiße 36
Teichrose, Gelbe 47
Thlaspi arvense 11
Thymus pulegioides 95
Tollkirsche, Echte 118

Tragopogon pratensis 58
Trifolium pratense 89
– repens 35
Tussilago farfara 54
Typha latifolia 116

U/V
Ufer-Wolfstrapp 37
Urtica dioica 114
Valeriana officinalis 81
Verbascum nigrum 52
Veronica chamaedrys 99
Vicia cracca 107
Viola reichenbachiana 106
Vogel-Knöterich 77
Vogel-Wicke 107
Vogelmiere 25

W
Wald-Bingelkraut 117
Wald-Erdbeere 18
Wald-Geißbart 17
Wald-Sauerklee 22
Wald-Ziest 93
Waldmeister 12
Waldveilchen 106
Wasser-Hahnenfuß 24
Wasser-Minze 72
Weg-Malve 78
Wegerich, Mittlerer 15
Wegrauke 41
Wegwarte 105
Weidenröschen, Schmalblättriges 71
Weiß-Klee 35
Weißwurz, Vielblütige 32
Wiesen-Bocksbart 58
Wiesen-Flockenblume 86
Wiesen-Glockenblume 103
Wiesen-Kerbel 20
Wiesen-Klee, Rot-Klee 89
Wiesen-Knöterich 76
Wiesen-Labkraut 13
Wiesen-Löwenzahn 58
Wiesen-Margerite 26
Wiesen-Pippau 59
Wiesen-Platterbse 64
Wiesen-Salbei 109
Wiesen-Schaumkraut 98
Wiesen-Storchschnabel 100
Wiesenknopf, Großer 69
Wilde Karde 99

Z
Zaunwinde 23
Zweiblatt, Großes 121
Zypressen-Wolfsmilch 45

Gänse-Fingerkraut 51
Gänseblümchen 27
Gänsefuß, Weißer 119
Geranium pratense 100
– robertianum 80
Geum rivale 79
– urbanum 51
Giersch 21
Gilbweiderich 49
Glechoma hederacea 107
Goldrute, Kanadische 55
Greiskraut 55
Gundermann 107
Günsel, Kriechender 109

H
Hahnenfuß, Scharfer 48
Hauhechel, Dornige 89
Herbstzeitlose 87
Hexenkraut 15
Hirtentäschelkraut 10
Hohlzahn 91
Hornklee 62
Huflattich 54
Hypericum perforatum 49
Hypochaeris radicata 60

I/J
Igelkolben, Ästiger 117
Impatiens glandulifera 92
– noli-tangere 65
Iris pseudacorus 59
Johanniskraut, Echtes 49

K
Kalmus 116
Kamille, Echte 28
-, Strahlenlose 57
Klappertopf, Kleiner 65
Klatschmohn 68
Klette, Große 84
Kletten-Labkraut 13
Knabenkraut, Breitblättriges 93
Knack-Erdbeere 19
Knoblauchsrauke 8
Kohl-Kratzdistel 60
Königskerze, Schwarze 52
Kornblume 104
Kreuzblümchen 111
Kuckucks-Lichtnelke 74

L
Labkraut, Echtes 44
Lamium album 36
– purpureum 91
Lapsana communis 60
Lathyrus pratensis 64
– vernus 90
Lerchensporn, Hohler 34
Leucanthemum vulgare 26
Leucojum vernum 33
Lichtnelke, Rote 75

Listera ovata 121
Lotus corniculatus 62
Lungenkraut, Echtes 102
Lupine, Vielblättrige 111
Lupinus polyphyllus 111
Lycopus europaeus 37
Lysimachia vulgaris 49
Lythrum salicaria 82

M
Mädesüß, Echtes 16
Maiglöckchen 32
Malva neglecta 78
Märzenbecher 33
Matricaria chamomilla 28
– discoidea 57
Mauerpfeffer, Scharfer 53
Meerrettich 9
Meersenf 73
Melilotus albus 35
– officinalis 63
Mentha aquatica 72
Menyanthes trifoliata 22
Mercurialis perennis 117
Milzkraut, Wechselblättriges 45
Möhre, Wilde 21
Myosotis palustris 103

N
Nachtkerze 43
Nachtschatten, Bittersüßer **101**
Nasturtium officinale 9
Natternkopf 108
Nelkenwurz, Echte 51
Nuphar lutea 47

O
Odermennig 53
Oenothera biennis 43
Ononis spinosa 89
Origanum vulgare 94
Oxalis acetosella 22

P/Q
Papaver rhoeas 68
Paris quadrifolia 120
Pestwurz 83
Petasites hybridus 83
Phacelia tanacetifolia 101
Phazelie 101
Phyteuma spicatum 23
Plantago lanceolata 115
– major 115
– media 15
Polygala vulgaris 111
Polygonatum multiflorum 32
Polygonum aviculare 77
Potentilla anserina 51
– erecta 43
– sterilis 19
Primula veris 50
Prunella vulgaris 110

Register

A
Achillea millefolium 29
Acker-Hellerkraut 11
Acker-Hundskamille 29
Acker-Kratzdistel 85
Acker-Senf 41
Acker-Winde 79
Ackerröte 73
Aconitum napellus 110
Acorus calamus 116
Aegopodium podagraria 21
Agrimonia eupatoria 53
Ährige Teufelskralle 23
Ajuga reptans 109
Alchemilla vulgaris 42
Alisma plantago-aquatica 14
Alliaria petiolata 8
Allium ursinum 31
Amaranthus retroflexus 119
Anemone nemorosa 30
Anthemis arvensis 29
Anthriscus sylvestris 20
Arctium lappa 84
Armoracia rusticana 9
Aronstab 114
Artemisia artemisiifolia 120
– vulgaris 57
Arum maculatum 114
Aruncus dioica 17
Aster tripolium 105
Atropa bella-donna 118
Augentrost 37

B
Bach-Nelkenwurz 79
Baldrian, Echter 81
Bärlauch 31
Beifuß 57
Beifuß-Ambrosie 120
Beinwell 81
Bellis perennis 27
Bistorta officinalis 76
Blut-Weiderich 82
Blutwurz 43
Braunelle, Kleine 110
Braunwurz, Knotige 121
Breit-Wegerich 115
Brennnessel, Große 114
Brunnenkresse, Echte 9
Busch-Windröschen 30
Büschelschön 101

C
Cakile maritima 73
Caltha palustris 46
Calystegia sepium 23
Campanula patula 103
Capsella bursa-pastoris 10
Cardamine amara 8
Cardamine pratensis 98
Carduus nutans 85
Centaurea cyanus 104
– jacea 86
Chelidonium majus 40
Chenopodium album 119
Chrysosplenium alternifolium 45
Cichorium intybus 105
Circaea lutetiana 15
Cirsium arvense 85
– oleraceum 60
Colchicum autumnale 87
Convallaria majalis 32
Convolvulus arvensis 79
Corydalis cava 34
Crepis biennis 59

D
Dactylorhiza majalis 93
Daucus carota 21
Digitalis purpurea 88
Dipsacus fullonum 99
Distel, Nickende 85
Dost, Wilder Majoran 94
Draba verna 11

E
Echium vulgare 108
Einbeere, Vierblättrige 120
Eisenhut, Blauer 110
Epilobium angustifolium 71
Erdbeer-Fingerkraut 19
Euphorbia cyparissias 45
Euphrasia officinalis 37

F
Feld-Thymian 95
Ferkelkraut 60
Fieberklee 22
Filipendula ulmaria 16
Fingerhut, Roter 88
Fragaria vesca 18
– viridis 19
Franzosenkraut, Kleinblütiges 27
Frauenmantel 42
Froschlöffel 14
Frühlings-Hungerblümchen 11
Frühlings-Platterbse 90
Fuchsschwanz, Zurückgekrümmter 119

G
Galanthus nivalis 33
Galeopsis tetrahit 91
Galinsoga parviflora 27
Galium aparine 13
– mollugo 13
– odoratum 12
– verum 44
Gamander-Ehrenpreis 99

ZWEISEITIG-SYMMETRISCH

③ Großes Zweiblatt
Listera ovata

STECKBRIEF 20–60 cm hoch • Mai–Juli • Besitzt nur 2 herzförmige, knapp über dem Boden liegende gegenständige Blätter mit deutlich hervortretenden Adern • Viele grüngelbe Blüten, oft mit rotem Rand, bilden lange Traube. Häufigste heimische Orchidee, wächst in feuchten Laubwäldern.

④ Knotige Braunwurz
Scrophularia nodosa

STECKBRIEF 40–120 cm hoch • Juni–September • Stängel vierkantig • Blätter gegenständig, herz- bis eiförmig, am Rand gesägt • Fast kugelige, schmutzig-braune, unangenehm riechende Blüten, die der Pflanze den Namen »Stinkkraut« einbrachten • Weit verbreitet in Laub- und Nadelmischwäldern.

MEHR ALS 5 BLÜTENBLÄTTER

❶ Vierblättrige Einbeere
Paris quadrifolia

STECKBRIEF 10–30 cm hoch • Mai • Charakteristisch ist eine einzelne Blüte über 4 kreuzförmig angeordneten Blättern • Blätter rundlich, mit Spitze • Blüten mit schwarzblauem Fruchtknoten und langen gelben Staubblättern • Häufig in schattigen alten Laubwäldern mit krautreichem Unterwuchs.

❷ Beifuß-Ambrosie
Ambrosia artemisiifolia

STECKBRIEF 50–150 cm hoch • August–Oktober • Blätter wechselständig, doppelt fiederspaltig, Blattabschnitte lanzettlich • Weibliche Blütenkörbchen in Knäueln in den Blattachseln, männliche in dichten blattlosen, endständigen Gesamtblütenständen • Häufig in Wildkrautbeständen auf Schutt, in Gärten.

5 BLÜTENBLÄTTER

❶ Zurückgekrümmter Fuchsschwanz

Amaranthus retroflexus

STECKBRIEF 20–120 cm hoch • Juli–September • Stängel im oberen Teil behaart, im unteren oft rötlich überlaufen • Blätter gestielt, oval bis rautenförmig • Blütenstand aus ährenartigen Teilblütenständen • An Müllplätzen, Kompostlagern.

❷ Weißer Gänsefuß

Chenopodium album

STECKBRIEF 20–100 cm hoch • Juli–September • Stängel und Blätter wie mit Mehl bestäubt • Blätter rautenförmig, gestielt, oben dunkelgrün, unten heller • Blütenrispen mit winzigen Blüten in Knäueln • Weg- und Feldränder, Gärten.

Blätter wechselständig, breit-oval

glockenförmige, bräunliche Blüten

Stängel kräftig, weich behaart

Die Früchte: tiefschwarze, kirschgroße, glänzende Beeren

Echte Tollkirsche
Atropa belladonna

Wuchshöhe 50–150 cm
Blütezeit Juni–August
Standort Wächst ziemlich häufig auf Waldlichtungen, an Waldwegen von Laub- und Nadelwäldern besonders der Mittelgebirge. Schätzt kalkhaltige Böden.
Achtung Diese Pflanze ist für den Menschen tödlich giftig. Verantwortlich für ihre Giftwirkung sind die in allen Teilen enthaltenen Alkaloide Atropin, Hyoscyamin und Scopolamin. Vögel wie beispielsweise Drosseln können die Früchte unbeschadet fressen und so die Samen verbreiten.

→ **TYPISCH** Die Giftwirkung der Tollkirsche ist seit Langem bekannt. Früher gehörte sie zu den Bestandteilen der sogenannten Hexensalbe, in der sie zusammen mit anderen Wirkstoffen eine halluzinogene Wirkung entfaltete.

❸ Ästiger Igelkolben
Sparganium erectum

STECKBRIEF Stängel 0,5–1,5 m lang, zur Blütezeit aufrecht, sonst herabgebogen • Juni–August • Blätter in 2 Zeilen angeordnet, bandförmig • Blütenstand verzweigt, oben kugelige männliche Blütenköpfchen, unten weibliche. • Ziemlich häufig an stehenden nährstoffreichen Gewässern.

❹ Wald-Bingelkraut
Mercurialis perennis

STECKBRIEF 10–40 cm hoch • April–Mai • Unangenehm riechende zweihäusige Pflanze mit rundem unverzweigtem Stängel • Blätter gegenständig, gedrängt im oberen Stängelbereich, Rand gesägt • Unscheinbare grüne Einzelblüten in ährenartigem Blütenstand • Große Bestände in alten Laubwäldern.

① Kalmus
Acorus calamus

STECKBRIEF 60–120 cm hoch • Juni–Juli • Sumpfpflanze mit dreikantigem Stängel • Blätter schwertförmig, spitz, Blattrand oft etwas wellig • Seitlicher Blütenkolben aus winzigen, grünen, unscheinbaren Einzelblüten • Sümpfe und Ufer stehender und langsam fließender Gewässer. Geschützt.

② Breitblättriger Rohrkolben
Typha latifolia

STECKBRIEF 100–200 cm hoch • Juli–August • Blätter 10–20 mm breit, 1–2 m lang, länger als die blühenden Stängel • Brauner, kolbenförmiger Blütenstand, in einen oberen männlichen und einen unteren weiblichen Teil gegliedert • Typische Verlandungspflanze, wächst am Rand von Teichen und Seen.

BIS 4 BLÜTENBLÄTTER

❸ Breit-Wegerich
Plantago major

STECKBRIEF 5–40 cm hoch • Juni–Oktober • Fast handgroße, breite Blätter in Grundrosette, Rand glatt • Blüten in langer Ähre, Staubbeutel der Einzelblüten erst lila, dann braungelb • Eine der wenigen, sehr trittfesten Pflanzen, die auf Wegen, Parkplätzen und selbst in Pflasterfugen gedeihen.

❹ Spitz-Wegerich
Plantago lanceolata

STECKBRIEF 10–50 cm hoch • Mai–September • Blätter lanzettlich, mit gut sichtbaren, längs verlaufenden Adern • Blüten in kurzer Ähre an der Spitze des Stängels, mit langen auffälligen Staubblättern • Pflanze aller Wege, besiedelt auch Feldraine und Wiesen auf nährstoffreichen Böden.

① Große Brennnessel
Urtica dioica

STECKBRIEF 30–150 cm hoch • Juli–Oktober • Stängel und Blätter mit Brennhaaren • Männliche und weibliche Blüten auf verschiedenen Pflanzen • Blätter gegenständig, grob gezähnt • Weiblicher Blütenstand hängend, männlicher abstehend • Verbreitet und in großen Beständen an Weg- und Waldrändern.

② Aronstab
Arum maculatum

STECKBRIEF 20–40 cm hoch • April–Mai • Charakteristisch ist ein tütenförmiges hellgrünes Hochblatt, das einen braunen, nach Aas riechenden Blütenkolben umgibt • Blätter lang gestielt, breit pfeilförmig, mit Netznervatur, oft dunkel gefleckt • Korallenrote Beerenfrüchte • In Laubwäldern.

der Tollkirsche: ihre glockenförmige bräunliche Blüte zeichnet sich durch 5 zurückgeschlagene, auch ohne Lupe gut zählbare Blütenzipfel aus.

SEITE 120
Mehr als 5 Blütenblätter

Eher selten trifft man in der heimischen Natur grünlich blühende Pflanzen, deren Blüten mehr als 5 Blütenblätter besitzen. Die Vierblättrige Einbeere ist ein typischer Vertreter. Ihre Blüten bestehen aus 4 äußeren grünen und 4 inneren gelbgrünen Blütenblättern.

SEITE 121
Zweiseitigsymmetrische Blüten

Die Pflanzenfamilie der Orchideengewächse hat einen großen Anteil an den Blumen dieser Gruppe. Eine der häufigsten heimischen Orchideen ist das Große Zweiblatt. Seine Blüten sind verhältnismäßig klein, 5 muschelförmige Blütenblätter bilden eine weit geöffnete Haube, das 6. Blütenblatt ist zu einer schmalen zweizipfeligen Unterlippe umgeformt.

GRÜNE UND BRAUNE BLUMEN
schneller bestimmen

Die Blume, die du bestimmen möchtest, hat grüne oder bräunliche Blüten. Wie gehst du weiter vor?

Zähle die Blütenblätter.

Anschließend blätterst du weiter zu der Seite, ab der die Arten mit der entsprechenden Anzahl von Blütenblättern vorgestellt werden.

AB SEITE 114
Bis 4 Blütenblätter

Die bekannteste Pflanze dieser Gruppe ist die Große Brennnessel. Wer ihre Blüten genauer betrachten will, braucht eine Lupe. Damit sieht man, dass manche Blüten nur Staubbeutel tragen. Das sind die männlichen. Andere haben nur einen Fruchtknoten und sind weiblich.

AB SEITE 118
5 Blütenblätter

Die grünlichen Blüten des Weißen Gänsefußes sitzen knäuelig zusammengedrängt in langen Blütenrispen. Beim Betrachten der 5 winzigen Blütenhüllblätter ist eine Lupe hilfreich. Anders bei

ZWEISEITIG-SYMMETRISCH

❸ Vielblättrige Lupine
Lupinus polyphyllus

STECKBRIEF 100–150 cm hoch • Juni–August • Blätter fächerförmig in 10–20 Teilblättchen aufgespalten • Duftende Blüten in kerzenförmigem Blütenstand • Graubraune Fruchthülsen • Kam als Zierpflanze aus Nordamerika nach Europa und verwilderte. Häufig an Wald-, Weg- und Straßenrändern. Giftig.

❹ Kreuzblümchen
Polygala vulgaris

STECKBRIEF 5–20 cm hoch • Mai–August • Stängel aufrecht oder aufsteigend • Blätter wechselständig, lineal-lanzettlich • Blüten meist blau oder violett, selten rosa oder weiß, in lockerer endständiger Traube • Recht häufig an Wegrändern, auf Heiden und Böschungen, immer auf armen Böden.

❶ Kleine Braunelle
Prunella vulgaris

STECKBRIEF 5–30 cm hoch • Juni–September • Stängel liegend bis aufsteigend, vierkantig • Blätter gegenständig, länglich eiförmig, ganzrandig • Lippenblüten in ährenförmigem Blütenstand am Stängelende, helmförmige Oberlippe und dreiteilige Unterlippe • Waldränder, Wiesen, Gartenrasen.

❷ Blauer Eisenhut
Aconitum napellus

STECKBRIEF 50–150 cm hoch • Juni–August • Blätter handförmig geteilt • Zahlreiche helmförmige Blüten in einem traubenförmigen Blütenstand am Stängelende • Meist in Gruppen an Bachufern, in feuchten Wäldern. Verbreitet in den höheren Lagen der Mittelgebirge und Gebirge. Giftig. Geschützt.

ZWEISEITIG-SYMMETRISCH

❶ Kriechender Günsel
Ajuga reptans

STECKBRIEF 10–30 cm hoch • Mai–Juli • Bodennahe Pflanze mit vierkantigem Stängel • Grundständige Blattrosette und gegenständige Stängelblätter, alle am Rand gekerbt • Blüten in den Achseln der oberen Blätter, bilden ährenartigen Blütenstand • Feuchte Wiesen, Weg- und Gebüschränder.

❷ Wiesensalbei
Salvia pratensis

STECKBRIEF 30–60 cm hoch • Mai–August • Duftet beim Zerreiben aromatisch • Stängel vierkantig, hohl, borstig behaart • Blätter runzelig, länglich-eiförmig, am Rand unregelmäßig gezähnt • Blauviolette Blüten zu 4–6 in Etagen übereinander • Wiesen, Wegränder und Böschungen.

Knospen und frische Blüten sind rosa, ältere blau

Blätter wechselständig, lanzettlich

ganze Pflanze dicht borstig behaart

Ragen aus der Blüte: Staubblätter und Griffel →

Natternkopf

Echium vulgare

Wuchshöhe 25–100 cm
Blütezeit Mai–September
Standort Mit seinen tief in den Boden reichenden Wurzeln gedeiht der Natternkopf auch auf trockenen Böden. Er besiedelt Sand- und Schotterflächen und Industriebrachen.
Achtung Die Pflanze enthält giftige Pyrrolizidinalkaloide, die die Leber schädigen und Krebs auslösen können. Dort, wo der Natternkopf häufig auftritt, sind diese Substanzen auch im Honig nachweisbar.

> **TYPISCH** Die Farbänderung der Blüten von Rosa bei der gerade geöffneten Blüte zu Blau bei der älteren Blüte wird – ähnlich wie beim Lungenkraut – vom Säuregehalt in den Blütenblättern verursacht. Gerade geöffnete Blüten bilden besonders viel Nektar und werden häufig von Bienen, Hummeln und Schmetterlingen besucht.

ZWEISEITIG-SYMMETRISCH

❶ Vogelwicke
Vicia cracca

STECKBRIEF Kletterpflanze mit etwa 1 m langem Stängel • Juni–August • Blätter gefiedert, mit einer Ranke an der Spitze • Blütenstand eine lang gestielte Traube aus zahlreichen Schmetterlingsblüten, Einzelblüten alle zu einer Seite ausgerichtet • An Weg-, Feld- und Gebüschrändern.

❷ Gundermann
Glechoma hederacea

STECKBRIEF 5–20 cm hoch • März–Mai • Kriechende Pflanze mit würzigem Geruch, richtet sich nur an den Blütentrieben auf • Stängel vierkantig • Blätter gegenständig, herzförmig, am Rand gekerbt • Blüten zu 2–3 in den Achseln der Blätter, Unterlippe gefleckt • An Wald- und Wegrändern, in Wiesen.

Blüten einzeln auf langen Stielen

Blätter breit herzförmig, die unteren gestielt

Die Blüten dieser Art: völlig geruchlos, anders als die des März-Veilchens →

Waldveilchen
Viola reichenbachiana

Wuchshöhe 10–25 cm
Blütezeit März–Mai
Standort Das Wald-Veilchen ist das schattentoleranteste aller heimischen Veilchen. Es wächst verbreitet in krautreichen Laub- und Nadelmischwäldern.

→ **TYPISCH** Viele Veilchen bilden 2 Generationen von Blüten aus. Neben der bekannten violetten Veilchenblüte im Frühling, die von Insekten bestäubt wird, erscheint im Sommer eine zweite Variante von Blüten, die als grüne Knospe geschlossen bleibt. In dieser erfolgt die Samenbildung durch Selbstbestäubung. Für die Verbreitung der Samen sorgen Ameisen, die von einem fettreichen Anhängsel an den Samen angelockt werden. Das Veilchen hat als Liebespflanze eine lange Tradition. Schon die Griechen nannten es »Blume der Liebe«.

MEHR ALS 5 BLÜTENBLÄTTER

❶ Wegwarte
Cichorium intybus

STECKBRIEF 30–150 cm hoch • Juli–Oktober • Pflanze mit weißem Milchsaft • Stängel steif, kantig • Obere Blätter lanzettlich, untere fiederspaltig mit großem Endabschnitt • Auffällig hellblaue Blüten, bestehen nur aus Zungenblüten. • Ihr Name deutet es an: Diese Pflanze besiedelt Wegränder.

❷ Strandaster
Aster tripolium

STECKBRIEF 15–60 cm hoch • Juli–September • Stängel ästig verzweigt • Blätter lanzettlich, ganzrandig, fleischig • Blütenkörbchen aus blauvioletten Zungenblüten und gelben mittigen Röhrenblüten • Pflanze der Küste, auf Salzwiesen an Nord- und Ostsee, bildet dort oft große Bestände.

Blüten mit einem Kranz vergrößerter Randblüten

lange schmale Blätter

Stängel kantig

Galt lange als Unkraut, ist heute jedoch ein Bioindikator für wenig Düngung →

Kornblume

Centaurea cyanus

Wuchshöhe 20–90 cm
Blütezeit Juni–August
Standort Pflanze der Getreidefelder. Ihre Heimat ist das Mittelmeergebiet, von dort kam sie mit dem Getreideanbau nach Mitteleuropa. Weil ihre Samen in Saatmischungen für Blumenwiesen enthalten sind, sieht man sie heute wieder öfter auch auf Dorfwiesen.

> **TYPISCH** Das Kornblumenblau dieser Feldblume hat zu allen Zeiten Maler und Dichter inspiriert. Diese einprägsame Farbe entsteht durch Anthozyane, Farbstoffe, die an den Blüten der Kornblume erforscht wurden und nach denen sie auch benannt wurde: Zyane ist ein gebräuchlicher volkstümlicher Name der Kornblume. Auch in getrocknetem Zustand bleibt dieses wunderschöne Blau erhalten. Deshalb verwendet man die essbaren Blüten gerne als Farbtupfer im Tee und in Salaten.

5 BLÜTENBLÄTTER

❶ Sumpf-Vergissmeinnicht
Myosotis palustris

STECKBRIEF 20–80 cm hoch • Mai-Juli • Stängel kantig • Blätter wechselständig, lang gestreckt, schmal • 5–20 Blüten in traubenähnlichem Blütenstand an der Stängelspitze • Blüten mit gelbem Ring. Wohl die häufigste Vergissmeinnicht-Art • In Sumpfwiesen, in Auwäldern und an Bachufern.

❷ Wiesen-Glockenblume
Campanula patula

STECKBRIEF 20–60 cm hoch • Mai-Juli • Stängelblätter wechselständig, lanzettlich, ungestielt • Duftende, weit glockenförmige, blauviolette Blüten an langen Stielen • Blütenblätter sternförmig nach außen gebogen • In nährstoffreichen Wiesen, an Wegrändern. Fehlt im norddeutschen Tiefland.

Blüten zunächst rot, später blauviolett

Blätter mit hellgrünen bis weißen Flecken

Insekten besuchen v. a. junge rote Blüten, sie enthalten mehr Nektar als blaue

Echtes Lungenkraut
Pulmonaria officinalis

Wuchshöhe 10–40 cm
Blütezeit März–Mai
Standort Krautreiche Laub- und Mischwälder, Waldränder, Gebüsche.

TYPISCH Lungenwurz oder Fleckenkraut wird die Pflanze auch genannt. Weil die hellgefleckten Blätter eine gewisse Ähnlichkeit mit dem Lungengewebe haben, glaubte man – gemäß der alten Signaturenlehre – die Pflanze würde bei Lungenkrankheiten helfen. In der modernen Medizin ist ihre Wirkung diesbezüglich umstritten. Heute wird sie nur noch in der Volksmedizin als Hustenmittel und bei Entzündungen in Mund und Rachen verwendet. Das Echte Lungenkraut ist eine wichtige Nahrungsquelle für viele Insekten. Bienen und Schmetterlinge holen sich den Nektar, Schwebfliegen den Pollen.

5 BLÜTENBLÄTTER

❶ Bittersüßer Nachtschatten
Solanum dulcamara

STECKBRIEF 30–200 cm • Juni–August • Blätter wechselständig, eiförmig, ganzrandig • 5 zurückgebogene Blütenblätter, zu einem Kegel verwachsene gelbe Staubblätter • Unreife Beeren grün, reife Beeren rot • Rankt und klettert durch Ufervegetation, feuchte Gebüsche und Waldränder. Giftig.

❷ Phazelie · Büschelschön
Phacelia tanacetifolia

STECKBRIEF 30–70 cm hoch • Juni–Oktober • Rauhaarige Pflanze • Blätter wechselständig, unpaarig gefiedert • Blüten blauviolett, selten weiß, glockenförmig, Staubblätter lila, ragen weit aus der Blüte • Vielfach gepflanzt und verwildert • An Wegrändern und auf warmen Ödflächen.

Blütenblätter dunkel geadert

Blüten stehen meist zu zweien an einem Stiel

Blätter handförmig und siebenteilig

Die Früchte: reißen im Herbst auf, schleudern die Samen in die Umgebung →

Wiesen-Storchschnabel

Geranium pratense

Wuchshöhe 20–60 cm
Blütezeit Juni–August
Standort Feuchte Stellen nährstoffreicher Wiesen.

→ **TYPISCH** Mit seinen großen blauvioletten Blüten gehört der Wiesen-Storchschnabel zu unseren schönsten Wildblumen. In feuchten Mähwiesen prägt er mit seinen Blüten oft weite Flächen. Aber die Lebensdauer dieser Blüten ist kurz: sie beträgt nur etwa 2 Tage. Im Zuge der Blütenentwicklung ändern die Blütenstiele mehrfach die Orientierung: Die Knospen stehen aufrecht, die geöffnete Blüte steht an waagrechten, die Früchte an abwärts gerichteten Stielen. Diese Richtungsänderung geschieht über eine Wachstumsbewegung. Nach der Blüte wachsen Fruchtknoten und Griffel weiter und lassen eine lange Spitze entstehen. Daher der ungewöhnliche Name.

BIS 4 BLÜTENBLÄTTER

❶ Gamander-Ehrenpreis
Veronica chamaedrys

STECKBRIEF 15–40 cm hoch • Mai–Juli • Stängel mit 2 Haarreihen • Blätter gegenständig, ohne Stiel, am Rand gekerbt • Azurblaue Blüten mit weißem Blütengrund, Kronblätter mit dunklen Adern, unteres Kronblatt kleiner • Besonders häufig entlang von Wegen, Hecken und an Waldrändern.

❷ Wilde Karde
Dipsacus fullonum

STECKBRIEF 70–200 cm hoch • Juli–August • Stachelige Pflanze mit kugeligen Blütenköpfchen, in denen sich vierzipfelige Blüten in Ringen um das Köpfchen öffnen, beginnend in der Mitte • Blätter gegenständig • Stängel und Blattrippen mit langen Stacheln besetzt • Auf Schutt- und Brachflächen.

Blüten meist blassviolett, manchmal rosa oder weißlich

Stängel rund und kahl

Das Wiesen-Schaumkraut: eine beliebte Nektarpflanze für Aurorafalter →

Wiesen-Schaumkraut

Cardamine pratensis

Wuchshöhe 15–50 cm
Blütezeit April–Juni
Standort Das Wiesen-Schaumkraut ist eine charakteristische Pflanzenart feuchter Wiesen. Auch in Auwäldern und an Ufern kann man sie antreffen.

> **TYPISCH** Mit seinen hellvioletten Blüten bestimmt das Wiesen-Schaumkraut den Frühlingsaspekt feuchter Wiesen. Seinen Namen verdankt es einer Vielzahl von Schaumbällchen am Stängel. Sie werden von den Larven der Wiesen-Schaumzikade erzeugt, die an der Pflanze saugen und sich in dem »Schaumbad« vor Feinden verstecken. Auch für die Larven des Aurorafalters ist das Wiesen-Schaumkraut eine wichtige Futterpflanze. Weil die Pflanze pfeffrig scharf nach Kresse schmeckt und viel Vitamin C enthält, wird sie in der Wildkräuterküche als Gewürz für Salate verwendet.

förmigen Blüten der Wiesen-Glockenblumen sind unproblematisch zu erkennen und zu zählen, denn sie sind stark abgespreizt.

AB SEITE 104

Mehr als 5 Blütenblätter

Zu dieser Gruppe steuern vor allem die Korbblütler viele Arten bei. Die bekannteste Blume dieser Kategorie ist die Kornblume, unverkennbar mit ihren vergrößerten Randblüten. Charakteristisch auch die Strand-Aster mit vielen gelben Röhrenblüten und oft etwas lückig stehenden blauvioletten Zungenblüten.

AB SEITE 106

Zweiseitig-symmetrische Blüten

Alle Blumen, deren Blüten nicht kreisrund sind, findest du bei den zweiseitig-symmetrischen. Bei diesen Blüten unterscheidet man ein klares »Oben« und »Unten«. So besitzen Veilchenblüten 2 nach oben und 3 nach unten gerichtete Kronblätter. Und die Blüten des Kriechenden Günsels zeichnen sich durch eine sehr kurze Oberlippe und eine große, deutlich ausgeprägte Unterlippe aus.

BLAUE BLUMEN
schneller bestimmen

Die Blume, die du bestimmen möchtest, hat blaue Blüten. Wie gehst du weiter vor?

Zähle die Blütenblätter.

Anschließend blätterst du weiter zu der Seite, ab der die Arten mit der entsprechenden Anzahl von blauen Blütenblättern vorgestellt werden.

———

AB SEITE 98
Bis 4 Blütenblätter

Blau blühende Blumen mit höchstens 4 Kronblättern gibt es gar nicht so viele. Das Wiesen-Schaumkraut gehört dazu. Seine 4 Blütenblätter sind gleich groß. Die Blüten des Gamander-Ehrenpreis besitzen dagegen 4 ungleiche Kronblätter, 3 größere und 1 kleineres unteres.

AB SEITE 100
5 Blütenblätter

Die auffälligste Blüte dieser Kategorie ist der Bittersüße Nachtschatten. Seine 5 Kronblätter sind zurückgebogen und gut zählbar. Auch die 5 Blütenzipfel an den trichter-

kugelige Blütenstände am Stängelende

ZWEISEITIG-SYMMETRISCH

Blätter, klein, oval

Echter Thymian: enthält deutlich mehr ätherische Öle als die Wildform

Feldthymian · Quendel
Thymus pulegioides

Wuchshöhe 5–20 cm
Blütezeit Juni–September
Standort Wächst gerne in trockenen, sonnigen Wiesen, an Wegrändern sowie sandigen und felsigen Standorten. Nicht selten überwächst die Pflanze auch kleine flache Ameisenhaufen.

> **TYPISCH** Der Feld-Thymian ist an das Leben an trockenen Standorten gut angepasst. Seine immergrünen Blättchen und seine Öldrüsen, die ein transpirationshemmendes ätherisches Öl absondern, verhindern eine Austrocknung. In der Antike war Thymian wegen seines ätherischen Öls ähnlich wie Weihrauch eine aromatische Beigabe in Opferfeuern. Und er war auch immer Gewürz- und Heilpflanze.

- Blüten in lockeren Dolden
- Staubblätter ragen weit aus der Blüte
- Blütenunterlippe dreiteilig
- Blätter gegenständig, eiförmig, glatter Rand
- Nur voll aufgeblühte Pflanzen duften intensiv

Dost · Wilder Majoran

Origanum vulgare

Wuchshöhe 20–50 cm
Blütezeit Juli–Oktober
Standort Wärmeliebende Pflanze, die bevorzugt auf trockenen, nährstoffarmen Wiesen wächst. Gelegentlich auch an Heckenrändern und Straßenböschungen zu finden.

TYPISCH Dost ist bekannt als typisches Würzkraut der italienischen Küche. Sein aromatischer Geruch beruht auf einem ätherischen Öl, das alle krautigen Teile enthalten. Die Drüsen, aus denen dieses Öl austritt, sind an der Blattunterseite als kleine dunkle Punkte erkennbar. Der Begriff »Dost« ist vom mittelhochdeutschen »doste« für »Strauß« entlehnt und verweist auf den Blütenreichtum der Pflanze. In früheren Zeiten hat man mit ihr Hexen, Geister und Dämonen bekämpft.

ZWEISEITIG-SYMMETRISCH

❶ Waldziest
Stachys sylvatica

STECKBRIEF 30–100 cm hoch • Juni–September • Rau behaarte Pflanze, die zerrieben markant unangenehm riecht. Blätter brennnesselähnlich • Blüten in den Achseln der oberen Blätter, bilden einen ährenartigen Blütenstand • In Auwäldern, an feuchten schattigen Waldwegen, in Ufergebüsch.

❷ Breitblättriges Knabenkraut
Dactylorhiza majalis

STECKBRIEF 15–60 cm hoch • Mai–Juni • Stängel dick, hohl, mit 4–6 Blättern • Blätter glatt, braun gefleckt, Blattbasis umschließt den Stängel • Blüten mit Sporn, Blütenlippe dreiteilig, Unterlippe gemustert • In nährstoffarmen feuchten Wiesen, an Bach- und Grabenrändern.

Blätter gegenständig, am Rand scharf gesägt

Blüten mit gekrümmtem grünlichem Sporn

Reife Früchte: explodieren bei Berührung und schleudern Samen bis 7 m weit →

Drüsiges Springkraut
Impatiens glandulifera

Wuchshöhe 50–250 cm
Blütezeit Juli–August
Standort Zu Anfang des 19. Jahrhunderts wurde das Drüsige Springkraut als Zierpflanze aus dem Himalaya nach Europa eingeführt, verwilderte schnell und breitet sich seitdem entlang von Flüssen und in feuchten Wäldern aus. Bis heute wächst es auch als Zierpflanze in vielen Gärten.

> **TYPISCH** Das Drüsige Springkraut ist eine einjährige Pflanze. Es wächst jedes Jahr neu aus Samen bis zu einer Höhe von 2,5 m heran und überwuchert und verdrängt dabei schnell die natürliche Vegetation. Deswegen wird es vielerorts als invasiver Neophyt eingestuft und bekämpft. Seine Durchsetzungskraft verdankt es der Bildung großer Samenmengen verbunden mit einer langen Keimfähigkeit der Samen.

ZWEISEITIG-SYMMETRISCH

❶ Hohlzahn
Galeopsis tetrahit

STECKBRIEF 10–50 cm hoch • Juni–Oktober • Stängel vierkantig, unter den Blattansatzstellen verdickt, borstig behaart • Blätter gekreuzt gegenständig, eiförmig, Rand grob gezähnt • Blüten in quirlartigen Blütenständen in Etagen • An Weg- und Waldrändern, auf Schuttflächen, Ödland.

❷ Rote Taubnessel
Lamium purpureum

STECKBRIEF 5–30 cm hoch • März–Oktober • Pflanze mit unangenehmem Geruch • Stängel vierkantig • Blätter kreuzweise gegenständig, gestielt, Rand gekerbt bis stumpf gezähnt • Blüten in Quirlen in den Achseln der oberen Blätter • An Feld-, Weg- und Gebüschrändern. Meidet schattige Standorte.

Im Laufe ihrer Alterung verändert sich die Farbe der Blüten von Rot nach Blau

Einzelblättchen eiförmig, lang zugespitzt

Blätter paarig gefiedert

Lang gestielte Traube aus 3–7 Blüten

Frühlings-Platterbse

Lathyrus vernus

Wuchshöhe 20–40 cm
Blütezeit April–Mai
Standort Besiedelt Laub- und Nadelmischwälder mit krautreichem Unterwuchs. Häufig auf kalkhaltigen, nährstoffreichen Böden.

> **TYPISCH** In der Frühlingsflora von Laubmischwäldern fällt diese Blume besonders auf, denn ihre Blüten sind zunächst purpurrot, später bläulich gefärbt. Die Blütenfarbe der Frühlings-Platterbsen hängt ab vom Säuregehalt des Zellsafts und ändert sich mit zunehmendem Alter. In Blütenknospen ist der Zellsaft sauer und der Farbstoff rot. In geöffneten Blüten verschiebt sich der Säuregrad des Zellsafts ins Neutrale, in der Folge ändert sich der Farbstoff in rot- bis blauviolett. Und beim Abblühen ist der Zellsaft schließlich basisch – die Farbe der Blüten wechselt zu Blau bis Türkis.

ZWEISEITIG-SYMMETRISCH

❶ Dornige Hauhechel
Ononis spinosa

STECKBRIEF 30–60 cm hoch • Juni–Juli • Stängel mit Reihen von Haaren, zumindest unten dornig und verholzt • Untere Blätter dreizählig, obere einfach • Rosa Blüten einzeln oder zu zweit in den Blattachseln • In nährstoffarmen Wiesen, an Weg- und Waldrändern. Zeigerpflanze für magere Böden.

❷ Wiesenklee, Rotklee
Trifolium pratense

STECKBRIEF 15–40 cm hoch • Juni–September • Stängel kantig und kahl • Blätter dreizählig, oft mit einem hellen V-förmigen Band • Duftende, rote, kugelige Blütenköpfe • Der Rotklee ist auf Wiesen und Weiden ausgesprochen häufig. Er wird als Zwischenfrucht auch auf Äckern angebaut.

Blüten am Stängel alle zu einer Seite ausgerichtet

auffällig große glockenförmige Blüten

Imitieren Staubbeutel und locken Hummeln an: die Flecken im Blüteninneren →

Roter Fingerhut
Digitalis purpurea

Wuchshöhe 40–150 cm
Blütezeit Juni–August
Standort Steht meist als Massenbestand auf Waldlichtungen und Kahlschlägen.
Achtung Die Pflanze enthält vorwiegend in den Blättern Digitalisglykoside. Falsch dosiert sind sie tödlich giftig, richtig dosiert dagegen eine große Hilfe für Herzkranke. Die Wirksamkeit dieser Inhaltsstoffe auf das Herz entdeckte der englische Arzt William Withering im Jahr 1785.

> **TYPISCH** Trotz bekannter Giftigkeit findet man den Roten Fingerhut häufig als Gartenzierpflanze. Seine langen Blütentrauben aus bis zu 100 Einzelblüten sind wirklich ein außergewöhnlicher Blickfang. Auch die Verwandtschaft des Roten Fingerhuts wie der Wollige oder der Gelbe Fingerhut sind sehr stark giftig

Erscheinen im Frühling: Blätter und Samenkapseln →

Herbstzeitlose
Colchicum autumnale

Wuchshöhe 5–10 cm
Blütezeit August–Oktober
Standort Feuchte Wiesen, Auwälder
Achtung Die Herbstzeitlose gehört zu den giftigsten heimischen Pflanzen. Ihr Gift, das Colchicin, ist in allen Pflanzenteilen enthalten. Vergiftungen äußern sich in Übelkeit, Herzrhythmusstörungen und Lähmungen.

→ **TYPISCH** Wenn die Blütenpracht des Sommers längst verwelkt ist, entfaltet die letzte Blume des Jahres ihre blasslilafarbenen Blüten. Die Herbstzeitlose weicht vom bekannten Lebensrhythmus der heimischen Pflanzen ab. Sie blüht im Herbst, bildet aber Stängel, Blätter und Samenkapseln erst im nächsten Frühjahr aus.

Blütenkörbchen bis zu 4 cm breit

Randblüten stark vergrößert

obere Blätter wechselständig, lanzettlich

Locken viele Insekten an: die auffälligen Blüten

Wiesen-Flockenblume

Centaurea jacea

Wuchshöhe 10–90 cm
Blütezeit Juni–September
Standort Diese Blume ist sehr genügsam, sie blüht selbst auf blankem Sand. Wir finden sie hauptsächlich in nährstoffarmen Wiesen, an Wegrändern, Böschungen und Feldrainen.

→ **TYPISCH** Mit ihren purpurfarbenen Blüten erfreut uns die Wiesen-Flockenblume vom Hochsommer bis in den Herbst. Wildbienen und Tagfalterarten schätzen ihr reiches Nektarangebot. Für diese Insekten ist sie eine wichtige Futterquelle. Bestäubt werden aber nur die kleinen inneren Röhrenblüten. Die großen Randblüten sind unfruchtbar. Sie sollen lediglich als Schauapparat die Insekten anlocken.

MEHR ALS 5 BLÜTENBLÄTTER

❶ Nickende Distel
Carduus nutans

STECKBRIEF 30–100 cm hoch • Juli–September • Blätter tief eingeschnitten, am Rand kraus und dornig • Blütenkörbchen kugelig bis halbkugelig, nickend, Blütenhüllblätter mit rückwärts gerichtetem Dorn • Besonders schöne und auffällige Distel, die sich häufig auf Magerweiden ausbreitet.

❷ Acker-Kratzdistel
Cirsium arvense

STECKBRIEF 60–120 cm hoch • Juni–September • Stängel kahl, ohne Stacheln • Blätter lanzettlich, mit Stacheln, oft gewellt • Kleine lila Blütenkörbchen mit süßlichem Duft • Acker-Kratzdisteln schätzen nährstoffreiche Böden. Mit tief im Boden liegenden Wurzeln bilden sie oft große Bestände in Äckern.

Kugelförmige Blütenkörbchen auf langem Stiel

Blattunterseite weißgrau behaart

Blätter sehr groß, breit dreieckig, mit glattem Rand

Die Einzelblüten sorgen mit spitzen Haken für ihre Verbreitung →

Große Klette

Arctium lappa

Wuchshöhe 60–160 cm
Blütezeit Juli–September
Standort Besiedelt Schuttplätze, Bahnanlagen, Wege, Zäune, Flussufer und andere nährstoffreiche Standorte.

→ **TYPISCH** Die hakigen Spitzen der Blütenhüllblätter bleiben nach der Samenreife im Fell von vorbeistreifenden Tieren und auch an der Kleidung von Spaziergängern hängen und erschließen so der Pflanze neue Standorte, manchmal Kilometer von der Mutterpflanze entfernt. Diese Methode der Samenverbreitung ist charakteristisch für die Große Klette und gleichzeitig so effektiv, dass im Sprachgebrauch auch in anderen Zusammenhängen der Begriff »Klette« benutzt wird. Tee und Tinktur aus der Pflanze wird in der Volksmedizin äußerlich bei Hautproblemen, bei Kopfschuppen und zur Anregung des Haarwachstums genutzt.

Blüten bilden gemeinsam eine rötliche eiförmige Traube

MEHR ALS 5 BLÜTENBLÄTTER

Ihre Blätter gehören zu den größten heimischer Wildpflanzen

Pestwurz
Petasites hybridus

Wuchshöhe 20–100 cm
Blütezeit März–Mai
Standort Bachufer, Erlen- und Weidengebüsch, feuchte Waldränder und andere nasse Standorte.
Achtung Die Pflanze enthält toxische Pyrrolizidinalkaloide in stark wechselnden Konzentrationen. Diese Substanzen schädigen in hoher Dosis die Leber und gelten als krebserregend. Vor diesem Hintergrund ist die frühere Verwendung der Blätter in Gemüsen sehr kritisch zu sehen.

> **TYPISCH** Bemerkenswert sind die großen Blätter der Pestwurz – nach der Blütezeit wachsen sie bis zu einer Länge von 1 m und einer Breite von 60 cm heran. »Wilder Rhabarber« werden sie im Volksmund genannt.

Blüten mit 6 rotvioletten Kronblättern

Blüten in einem ährenartigen Blütenstand

Blätter lanzettlich

Blätter gegenständig oder – im unteren Stängelbereich – zu dritt in Wirteln

Blutweiderich

Lythrum salicaria

Wuchshöhe 50–120 cm
Blütezeit Juni–September
Standort Der Blutweiderich mag es nass. Man findet ihn zwischen Schilf und Seggen im Uferbereich von Bächen, Teichen und Tümpeln.

> **TYPISCH** Um Fremdbestäubung sicherzustellen, hat der Blut-Weiderich 3 Typen von Blüten entwickelt. Er besitzt Blüten mit langen Griffeln und kurzen Staubblättern, Blüten mit mittellangen Griffeln und kurzen Staubblättern und solche mit kurzen Griffeln und mittellangen bis langen Staubblättern. Erkennbar unterscheiden sich die Blütentypen auch in der Pollenfarbe: Manche sind grün und groß, andere gelb und kleiner.

5 BLÜTENBLÄTTER

❶ Beinwell
Symphytum officinale

STECKBRIEF 30–100 cm hoch • Mai–Juli • Ganze Pflanze dicht abstehend behaart • Stängel kräftig, hohl, kantig • Lange spitze Blätter • Hängende, glockenförmige Blüten, Blütenfarbe kann zwischen rotviolett, rosa oder gelblich weiß variieren • Auf Sumpfwiesen, an Wegrändern, Bachufern.

❷ Echter Baldrian
Valeriana officinalis

STECKBRIEF 60–180 cm hoch • Juni–August • Pflanze mit kräftigem Wuchs, Stängel gerillt • Blätter gegenständig, zusammengesetzt aus 11–23 Teilblättchen • Schirmartiger Blütenstand aus zartrosafarbenen duftenden Einzelblüten. • Besonders auf feuchten Wiesen entlang von Bächen und Flüssen.

- Fruchtkapsel mit langem »Schnabel«
- Blätter aus tief eingeschnittenen Abschnitten zusammengesetzt
- Blütenkelch abstehend behaart
- Stängel oft rot überlaufen

Heißt wegen der teils dunkelrot verfärbten Blätter auch Ruprechtskraut

Stink-Storchschnabel

Geranium robertianum

Wuchshöhe 10–50 cm
Blütezeit Mai–Oktober
Standort Wächst häufig an schattigen Standorten. Man findet den Stink-Storchschnabel in lichten Wäldern, Gebüschen, auf Schutt und in Gärten.

> **TYPISCH** Die Pflanze bevorzugt zwar schattige Standorte, verträgt aber auch direktes Sonnenlicht. Dann bildet sie Lichtschutzpigmente aus, die ihre Stängel und Blätter rot färben. Ihren Namen Stink-Storchschnabel trägt sie völlig zu Recht: Ihre Blätter riechen beim Zerreiben sehr unangenehm. Dieser Geruch stammt von ätherischen Ölen, die Fliegen vertreiben sollen. Charakteristisch ist auch die Form der Fruchtkapseln, die über einen Schleudermechanismus die Samen bis zu 6 m weit schleudern können.

5 BLÜTENBLÄTTER

❶ Bach-Nelkenwurz
Geum rivale

STECKBRIEF 30–70 cm hoch • April–Juli • Stängel dicht behaart • Obere Blätter dreiteilig, untere gefiedert • Blüten nickend, glockenförmig, Blütenblätter rosa, Staubbeutel gelb, Kelchblätter braunviolett • Schätzt feuchte Standorte. Gedeiht besonders gut in Feuchtwiesen, an Bächen und Gräben.

❷ Ackerwinde
Convolvulus arvensis

STECKBRIEF 20–80 cm • Juni–September • Windende Pflanze • Stängel dünn, kriechend oder linkswindend • Blätter stumpf spießförmig • In den Blattachseln duftende, weit trichterförmige Blüten an langen Stielen, blassrosa gestreift • In Äckern und Gärten, auf Brachflächen, an Wegrändern.

Blüten in den Achseln der Blätter

Blüten hellrosa bis fast weiß

Stängel niederliegend, nur die Triebspitzen richten sich auf

Blätter nierenförmig, am Rand gekerbt

Erinnern an Käselaibe: die scheibenförmigen, etwa 1 cm großen Früchte

Wegmalve
Malva neglecta

Wuchshöhe 15–40 cm
Blütezeit Juni–September
Standort Besiedelt stickstoffreiche Standorte, wächst an Wegen und Ackerrändern, an Mauern, in Gärten und Weinbergen.

→ **TYPISCH** »Käsepappel« wird die Wegmalve auch genannt. Dieser Name bezieht sich auf die essbaren Früchte, die in etwa einem Käselaib gleichen. Vom Kelch befreit, kann man sie roh knabbern. Grün und unreif schmecken sie am besten. Unreife Früchte und Blütenknospen kann man auch pikant in Essig eingelegt als Kapernersatz verwenden. Die Stickstoffzeigerpflanze ist ein alter Kulturbegleiter und war früher eine typische Dorfpflanze. Sie wuchs in der Nähe von Misthaufen und selbst auf verdichteten Böden. Da sich viele Dörfer verändert haben, sieht man sie heute hier seltener.

Blüten in den Achseln der Blätter

Stängel gerillt, am Boden kriechend

Blätter wechselständig, schmal-oval geformt

5 BLÜTENBLÄTTER

Kleine, rosa, manchmal grünliche Blüten: einzeln oder zu 2–6 in den Blattachseln

Vogelknöterich
Polygonum aviculare

Wuchshöhe 5–50 cm lang
Blütezeit Juni–Oktober
Standort Besiedelt Schuttflächen, Weg- und Feldränder, Gärten. Wächst als ausgesprochen trittfeste Pflanze selbst aus Ritzen von Gehwegplatten

> **TYPISCH** Ende des 19. Jahrhunderts haben findige Händler den Vogel-Knöterich unter der Bezeichnung »russischer Knöterich« oder »Homerianatee« als Geheimmittel gegen Lungentuberkulose und Asthma angepriesen. Heute verwendet man die kieselsäurehaltige Pflanze gelegentlich im Tee bei Husten und Erkältungen. In der Wildkräuterküche werden die jungen Blätter fein geschnitten in Gemüse, Salaten und Smoothies verarbeitet.

dichter walzenförmiger Blütenstand

Stängelblätter ohne Stiel

Eine gute Bienenweide: die Blüten →

Wiesen-Knöterich · Schlangen-Knöterich

Bistorta officinalis

Wuchshöhe 30–100 cm
Blütezeit Mai–Juli
Standort Die Pflanze ist eher im Berg- und Hügelland zu finden, im Norden fehlt sie weiten Teilen. In feuchten Wiesen, an Ufern und in Auwäldern bildet sie oft ausgedehnte Bestände.

→ **TYPISCH** Der deutsche und der lateinische Name beschreiben ein markantes Merkmal der Pflanze, ihren schlangenartig gewundenen Wurzelstock. Im Sinne der Signaturenlehre glaubte man früher fälschlicherweise, er sei nützlich bei Schlangenbissen. Junge Sprosse und Blätter des Schlangen-Knöterichs ergeben, vor der Blüte gepflückt, ein Wildgemüse von herb-süßlichem, spinatähnlichem Geschmack.

Blätter gegenständig, zugespitzt, ganzrandig

ganze Pflanze auffallend abstehend behaart

Blütenblätter bis zur Hälfte gespalten

5 BLÜTENBLÄTTER

Öffnet ihre duftenden Blüten für Nachtfalter: die Weiße Lichtnelke

Rote Lichtnelke
Silene dioica

Wuchshöhe 30–90 cm
Blütezeit April–September
Standort Diese Pflanze findet man hauptsächlich in feuchten Wiesen, an Waldrändern und in lichten Wäldern.

> **TYPISCH** Die Rote Lichtnelke blüht vom Frühling bis in den Herbst. Diese Blume ist in der europäischen Pflanzenwelt das bekannteste Beispiel für die sogenannte Zweihäusigkeit: Es gibt weibliche Blüten mit Fruchtknoten und männliche Blüten mit Staubbeuteln – und beide wachsen an unterschiedlichen Pflanzen. Deshalb trägt diese Blume auch den wissenschaftlichen Namen »dioica« (= zweihäusig). Ihre Blüten werden von Bienen, Hummeln und Tagfaltern bestäubt.

rosabraune Kelchblätter

Blütenblätter tief in 4 schmale Zipfel gespalten

Blühen meist rosarot, doch gelegentlich kommen auch weiße Blüten vor →

Kuckucks-Lichtnelke

Lychnis flos-cuculi

Wuchshöhe 30–80 cm hoch
Blütezeit Mai–Juli
Standort Besiedelt nasse, nährstoffreiche Böden. Zu finden in Sumpf- und Moorwiesen, an Ufern und Gräben.

> **TYPISCH** Es gibt eine ganze Reihe von Pflanzen, die man mit dem Kuckuck in Verbindung bringt. Meist ist es ihre Blütezeit, die mit der Zeit zusammenfällt, in denen der Ruf des Kuckucks besonders häufig zu hören ist. Der wissenschaftliche Name »Lychnis« kommt aus dem Griechischen und bedeutet »Lampe« oder »Leuchte«. Und tatsächlich bestimmen im Mai/Juni die rosaroten, fein gegliederten Blüten der Kuckucks-Lichtnelke häufig das Bild feuchter Wiesen.

BIS 4 BLÜTENBLÄTTER

❶ Meersenf
Cakile maritima

STECKBRIEF 10–30 cm hoch • Juli–Oktober • Blätter wechselständig am Stängel, dickfleischig, blaugrün, im oberen Stängelbereich ungeteilt, im unteren Stängelabschnitt fiederteilig • Zartrosafarbene Blüten in Trauben am Stängelende • In großen Beständen an den Küsten von Nord- und Ostsee.

❷ Ackerröte
Sherardia arvensis

STECKBRIEF 5–20 cm • Mai–September • Stängel vierkantig, niederliegend oder aufsteigend • Blätter unten in Quirlen zu 4, oben zu 5–6, am Rand borstig bewimpert • Blüten in Köpfchen an den Spitzen der Stängel und der Seitenäste • In Wildkrautbeständen von Äckern, Gärten und Brachflächen.

Blüten in dichten rundlichen Köpfchen

Blütenstände am Stängelende und in den Achseln der oberen Blätter

Blätter gekreuzt gegenständig, oval, grob gezähnt

Stängel vierkantig

Die Grüne Minze: lange ährenartige, endständige Blütenstände →

Wasser-Minze

Mentha aquatica

Wuchshöhe 30–80 cm
Blütezeit Juli–September
Standort Wächst an den Ufern stehender und langsam fließender Gewässer, an Gräben und in feuchten Wiesen.

> **TYPISCH** Minzen sind als Heiltee mit beruhigender Wirkung auf Magen und Psyche sehr bekannt. Aber sie lassen sich auch kulinarisch nutzen. Minzblätter passen fein dosiert in süße Desserts, Quark- und Frischkäsemischungen und auch in sommerliche Salate. Früher hatte man eine weitere Verwendungsmöglichkeit: Man rieb die Tische mit dem appetitanregenden Kraut ein, um die Esslust der Gäste zu stimulieren. Obwohl die Wasserminze reich an ätherischen Ölen ist, fehlt ihr das Menthol der Pfefferminze. Diese kommt wild nicht vor. Sie entstand aus einer Kreuzung der Wasser-Minze mit der Grünen Minze.

Blüten in kerzenartigen Blütenständen

BIS 4 BLÜTENBLÄTTER

längliche rote Kapselfrüchte

längliche Blätter mit glattem Rand, ähneln Weidenblättern

Das Kleinblütige Weidenröschen besiedelt eher feuchte Standorte →

Schmalblättriges Weidenröschen

Epilobium angustifolium

Wuchshöhe 50–150 cm hoch
Blütezeit Juni–August
Standort Blüht im Spätsommer in großen Beständen auf Waldlichtungen von Misch- und Laubwäldern, an Wegrändern.

→ **TYPISCH** Am Schmalblättrigen Weidenröschen entdeckte der Berliner Botaniker Christian Konrad Sprengel zu Ende des 18. Jahrhunderts die Fremdbestäubung, also die Übertragung von männlichem Pollen auf die weibliche Narbe einer anderen Pflanze. Hunderttausende von Flugsamen und ein weit verzweigtes Wurzelsystem sind das Erfolgsrezept dieses Weidenröschens. Auf Waldlichtungen und Brandflächen gehört es zu den ersten Pflanzen, die dort Fuß fassen.

winzige rote Blüten

Äste des Fruchtstands locker aufgespreizt

Blätter ganzrandig, spitz, pfeilförmig mit 2 rückwärts gerichteten Blattecken →

Großer Sauerampfer

Rumex acetosa

Wuchshöhe 30–100 cm
Blütezeit April–Juli
Standort Den Großen Sauerampfer findet man an feuchten nährstoffreichen Standorten: in Wiesen und Weiden, an Wegrändern und Gewässerufern.

TYPISCH Die Blätter des Sauerampfers sind ein beliebtes Wildgemüse. Wegen ihrer angenehmen Säure nimmt man sie gerne als Würze für Salate, Suppen, grüne Soßen, Smoothies, Quark und Kräuterbutter. Aber Vorsicht: Die Blätter enthalten neben reichlich Vitamin C auch Oxalsäure und deren Salze, diese sollten nicht in größeren Mengen gegessen werden. Menschen mit Neigung zu Blasen- und Nierensteinen verzichten besser ganz darauf.

braunrote kugelige Blüten am Stängelende

Blätter bestehen aus 7–15 Teilblättchen

Teilblättchen grob gezähnt

BIS 4 BLÜTENBLÄTTER

Anders als der Große wächst der Kleine Wiesenknopf an trockenen Standorten →

Großer Wiesenknopf

Sanguisorba officinalis

Wuchshöhe 30–120 cm
Blütezeit Juni–September
Standort Typische Pflanze feuchter Standorte, wächst in Mähwiesen, Moor- und Bergwiesen. Kommt in fast allen Landschaften Mitteleuropas in großen Beständen vor.

→ **TYPISCH** Die Blüten des Großen Wiesenknopfs bieten reichlich Nektar, mit dem sie Insekten zur Bestäubung anlocken. Der Kleine Wiesenknopf dagegen wird durch den Wind bestäubt. In der Volksheilkunde früherer Zeiten glaubte man, die Pflanze sei ein gutes Heilmittel bei Blutungen aller Art. Darauf bezieht sich auch ihr wissenschaftlicher Name »Sanguisorba«: lateinisch »sanguis« = Blut und »sorbere« = aufsaugen.

Blütenknospen hängen nach unten

Blütenblätter rot mit schwarzen Flecken in der Mitte

Blätter tief gespalten

In den Samenkapseln reifen winzige schwarze Samen →

Klatschmohn
Papaver rhoeas

Wuchshöhe 20–90 cm
Blütezeit Mai–Juli
Standort Wächst vorwiegend in Getreidefeldern, an Wegen und Straßenböschungen.

→ **TYPISCH** Seit mehr als 4 Jahrtausenden ist der Klatschmohn ein Kulturbegleiter. Ceres, die Göttin des Ackerbaus, trägt in Abbildungen häufig einen Kranz aus Klatschmohnblüten. Die großen, zerknittert wirkenden Blütenblätter ziehen Bienen und Hummeln magisch an. Aber die Blüten bieten den Insekten keinen Nektar, dafür viele Pollenkörner – bis zu 2,5 Millionen. Die Blüten behalten ihre Schönheit nur kurze Zeit. Schon nach 2–3 Tagen fallen die Blütenblätter ab und segeln mit dem Wind davon.

aber auch mehr Blütenblätter vor als sie tatsächlich haben: etwa wenn ihre Blütenblätter tief eingeschnitten sind, wie bei der Roten Lichtnelke.

AB SEITE 82

Mehr als 5 Blütenblätter

In dieser Gruppe findest du nicht nur Blumen wie den Blut-Weiderich oder die Herbst-Zeitlose, die erkennbar mehr als 5 Blütenblätter besitzen. Hierher gehört auch die große Gruppe der Korbblütler, deren Blüten aus vielen Einzelblüten zusammengesetzt sind. So bestehen die Blüten der Wiesen-Flockenblume aus vielen purpurnen Röhrenblüten.

AB SEITE 88

Zweiseitigsymmetrische Blüten

Die Blüten dieser Gruppe besitzen nur eine Symmetrieachse. Linke und rechte Hälfte sind spiegelbildlich zueinander. Arten wie der Wiesen-Klee oder die Rote Taubnessel gehören hierher, aber auch Arten wie das Drüsige Springkraut mit sehr ungewöhnlich geformten Blüten.

ROTE BLUMEN
schneller bestimmen

Die Blume, die du bestimmen möchtest, hat rote Blüten. Wie gehst du nun weiter vor?

Zähle die Blütenblätter.

Anschließend blätterst du zu der Seite, ab der die Arten mit der entsprechenden Anzahl von roten Blütenblättern vorgestellt werden.

AB SEITE 68
Bis 4 Blütenblätter

Die auffälligste heimische Blume mit 4 roten Blütenblättern ist der Klatschmohn. Seine Blüten sind groß, die Blütenblätter lassen sich leicht zählen. Nicht ganz so einfach ist es beim Großen Sauerampfer. Hier muss man schon genauer hinschauen, denn seine Blüten sind winzig.

AB SEITE 74
5 Blütenblätter

Blumen mit 5 roten Blütenblättern sind in der Natur gar nicht so häufig. Bei manchen Arten wie etwa dem Stinkenden Storchschnabel sind die Blütenblätter leicht zu zählen. Manchmal täuschen Blumen

ZWEISEITIG-SYMMETRISCH

❶ Echtes Springkraut
Impatiens noli-tangere

STECKBRIEF 50–100 cm hoch • Juli–Oktober • Stängel glasig durchscheinend • Blätter wechselständig, breit eiförmig • Hängende, trichterförmige, goldgelbe, rot punktierte Blüten mit langem gekrümmtem Sporn • Braucht feuchte bis nasse, gut durchlüftete Böden; in Auen- und Schluchtwäldern.

❷ Kleiner Klappertopf
Rhinanthus minor

STECKBRIEF 10–40 cm hoch • Mai–September • Stängel oft dunkel gefleckt • Blätter gegenständig, sitzen ohne Stiel dem Stängel an, Blattrand gezähnt • Blüten zu 6–12 im oberen Stängelbereich, sitzen einzeln in den Blattachseln. • Bevorzugt nährstoff- und kalkarme Böden, in mageren Wiesen.

Blütentraube aus 5–12 Blüten, auffallend langgestielt

Blätter mit Ranke

vierkantiger Stängel

Reife Hülsen sind abgeflacht, daher stammt der deutsche Name der Pflanze

Wiesen-Platterbse

Lathyrus pratensis

Wuchshöhe Kletternde Pflanze mit 20–90 cm langem, kantigem Stängel
Blütezeit Juni–August
Standort Häufigste Platterbsenart. Wächst verbreitet in Fett-, Moor- und Feuchtwiesen, an Ufern, Weg- und Waldrändern.

→ **TYPISCH** Eigenständig kann die Wiesen-Platterbse ihren langen Stängel nicht aufrichten. Dazu benötigt sie die Hilfe anderer Pflanzen, an denen sie sich mit ihren Ranken festhält. Von Landwirten ist die Pflanze nicht gern gesehen. Ihre Blätter und Stängel sind zwar nahrhaft, werden aber wegen der enthaltenen Bitterstoffe vom Vieh gemieden. Ihre Samen sind ein gutes Wildvogelfutter. In der Wildkräuterküche werden die jungen, noch zarten Samenhülsen wie grüne Bohnen verwendet.

Blüten hängen in langen gestielten Trauben

Teilblättchen eiförmig, am Rand gezähnt

Blätter kleeartig dreigeteilt

Ein Blütenstand besteht aus bis zu 70 Einzelblüten

ZWEISEITIG-SYMMETRISCH

Echter Steinklee
Melilotus officinalis

Wuchshöhe 30–90 cm
Blütezeit Juni–September
Standort Wächst in Unkrautbeständen an Wegen und Bahndämmen, in Steinbrüchen und auf Ödland.

> **TYPISCH** Im Schatten getrocknete Steinkleeblüten kann man zum Aromatisieren von Limonaden, Bowlen, Weinen und Likören verwenden, aber auch zum Würzen von Käse, Quark und Süßspeisen. Der angenehme Waldmeisterduft des Echten Steinklees beruht auf Cumarinverbindungen, die beim Trocknen Cumarin freisetzen. Wegen dieses Cumaringehalts sollte man die Pflanze – ähnlich wie Waldmeister – nur sparsam verwenden. Zu reichlicher Genuss kann Kopfschmerzen verursachen.

Blüten oft rötlich gemustert

3–8 Blüten in einem kopfartigen Blütenstand

Blätter fünfzählig gefiedert

Die befruchteten Blüten bilden lange gerade Fruchtschoten aus →

Hornklee

Lotus corniculatus

Wuchshöhe 5–40 cm
Blütezeit Juni–August
Standort Man findet den Hornklee an trockenen Standorten, auf Wiesen, trockenen Rasen, an Wegrainen, gelegentlich sogar zwischen Schotter.
Achtung Obwohl er nicht zu den typischen Giftpflanzen gezählt wird, enthält der Hornklee in geringen Mengen blausäureartige Glykoside. Daher kann es bei Weidetieren, die zuviel Hornklee fressen, zu Vergiftungserscheinungen kommen.

→ **TYPISCH** Die Blüten des Hornklees enthalten sehr viel Nektar und sind eine wertvolle Futterquelle für Wieseninsekten. Bienen und Hummeln sind neben Tagfaltern wie Bläulingen die häufigsten Besucher.

MEHR ALS 5 BLÜTENBLÄTTER

❸ Rainkohl
Lapsana communis

STECKBRIEF 30–100 cm hoch • Juni–September • Pflanze mit weißem Milchsaft • Stängel reich verzweigt • Blätter im oberen Stängelbereich oval-lanzettlich, weiter unten mit bis zu 4 kleinen Seitenlappen und einem großen Endlappen • Blüten mit 8–18 Zungenblüten • Besiedelt Brachland, Äcker und Gärten.

❹ Ferkelkraut
Hypochaeris radicata

STECKBRIEF 15–60 cm hoch • Juni–September • Pflanze mit Milchsaft • Stängel blaugrün, mit schuppenförmigen Hochblättern • Blätter in Grundblattrosette, am Rand eingebuchtet, borstig behaart • Blütenkörbchen nur mit Zungenblüten • Verbreitet in mageren Wiesen, Zierrasen in Gärten und Parks.

❶ Kohl-Kratzdistel
Cirsium oleraceum

STECKBRIEF 50–150 cm hoch • Juni–September • Keine typische Distel • Blätter weich, nicht stechend • Viele Blütenköpfe dicht gedrängt an der Stängelspitze, von kohlblattähnlichen Hochblättern umgeben • Blütenköpfe nur aus blassgelben Röhrenblüten • Besiedelt feuchte Wiesen, Gräben, Bachufer.

❷ Scharbockskraut
Ranunculus ficaria

STECKBRIEF 5–30 cm hoch oder lang • März–Mai • Bildet ausgedehnte Blütenteppiche • Stängel liegend bis aufsteigend • Blätter herzförmig, glänzend • Pro Blüte 8–12 glänzende Blütenblätter • Brutknöllchen in den Blattachseln • In feuchten schattigen Buchenwäldern, in feuchten Wiesen.

MEHR ALS 5 BLÜTENBLÄTTER

❸ Wiesen-Pippau
Crepis biennis

STECKBRIEF 50–120 cm hoch • Mai–September • Pflanze mit weißem Milchsaft • Stängel gefurcht • Blätter ähneln Löwenzahnblättern • Blütenkörbe nur mit Zungenblüten, bilden doldenartig verzweigte Blütenstände • Weit verbreitet auf gedüngten Mähwiesen, an Wegrändern, buschigen Hängen.

❹ Sumpf-Schwertlilie
Iris pseudacorus

STECKBRIEF 50–100 cm hoch • Mai–Juni • Stängel zusammengedrückt • Blätter bis zu 1 m lang, schwertförmig • Die 3 äußeren Blütenblätter mit dunkler Zeichnung sind nach außen umgeschlagen, 3 kleinere innere stehen aufrecht • An Teichufern, in Gräben, nassen Wiesen. Giftig. Geschützt.

❶ Wiesen-Bocksbart
Tragopogon pratensis

STECKBRIEF 30–80 cm hoch • Mai–Juli • Pflanze mit Milchsaft, erinnert etwas an einen Löwenzahn • Viele grasähnlich schmale, lang zugespitzte Blätter, umfassen den Stängel • Eine Blüte pro Stängel, Blütenkörbchen mit unterschiedlich langen Zungenblüten • Große Bestände in Wiesen, an Wegrändern.

❷ Wiesen-Löwenzahn
Taraxacum sect. Ruderalia

STECKBRIEF 5–40 cm hoch • April–Juli, Hauptblüte im Mai • Pflanze mit Milchsaft • Blütenstängel hohl, ohne Blätter • Blätter in einer Rosette am Boden, tief eingeschnitten • Gelber Blütenkopf mit Zungenblüten, wird nach dem Abblühen zur Pusteblume • Auf Wiesen, an Weg- und Straßenrändern.

MEHR ALS 5 BLÜTENBLÄTTER

❶ Strahlenlose Kamille
Matricaria discoidea

STECKBRIEF 5–35 cm hoch • Juni–September • Pflanze mit Kamillenduft • Blätter zwei- bis dreifach fiederteilig, Blattabschnitte sehr schmal • Halbkugelige Blütenkörbchen ohne Zungenblüten, Körbchenboden hohl • Wächst überall in Siedlungsnähe: Trittrasen, Wegränder, sogar Pflasterritzen.

❷ Beifuß
Artemisia vulgaris

STECKBRIEF 50–150 cm hoch • Juli–September • Stängel kantig, oft rot überlaufen • Blätter tief geteilt, mit gesägtem Rand, Unterseite weißfilzig • Kleine Korbblüten in langen Rispen • Charakteristische Pflanzenart frischer bis feuchter Ruderalstellen, wächst dort oft zusammen mit dem Rainfarn.

Verdankt seinen Namen den farnartig gefiederten Blättern: der Rainfarn

Rainfarn
Tanacetum vulgare

Wuchshöhe 60–120 cm
Blütezeit Juli–September
Standort Besiedelt Weg- und Gewässerränder, Schuttflächen und Brachland, oft zusammen mit dem Beifuß.
Achtung Der Rainfarn enthält duftende ätherische Öle, auch das giftige Thujon. Früher hat man die Pflanze als Wurmmittel verwendet, eine nicht ganz ungefährliche Anwendung. Bei zu hoher Dosierung kam es nicht selten zu irreversiblen Schäden von Magen, Leber und Nieren, auch zu Muskelkrämpfen und Herzstillstand.

> **TYPISCH** Im Hochsommer entfaltet der Rainfarn seine typischen knopfartigen Blüten. Mit seinen goldgelben Blüten kann man Wolle färben oder, als Trockenstrauß aufgehängt, Mücken und Motten aus Wohnungen vertreiben. Ein Blattaufguss hilft gegen Milben und Blattläuse im Garten.

MEHR ALS 5 BLÜTENBLÄTTER

❶ Greiskraut
Senecio vulgaris

STECKBRIEF 10–30 cm hoch • Februar–November • Stängel verzweigt, gefurcht, oft rötlich überlaufen • Blätter wechselständig, grob gezähnt bis fiederspaltig • Blütenkörbchen oft nickend, meist nur Röhrenblüten, keine Zungenblüten • Reife Früchte bilden Pusteblumen • In Gärten, Kartoffelfeldern.

❷ Kanadische Goldrute
Solidago canadensis

STECKBRIEF 50–250 cm hoch • August–Oktober • Blätter wechselständig, lanzettlich, am Rand gesägt • Pyramidenförmige Blütenrispe aus vielen winzig kleinen Blütenkörbchen, Rispenäste manchmal überhängend • Ehemalige Zierpflanze, die verwilderte • Auf Schuttflächen oft in großen Beständen.

Blüte aus vielen feinen Zungen- und Röhrenblüten

Blütenstängel nur mit rotbraunen Schuppen besetzt

Stängel zur Blütezeit blattlos

Erscheinen erst nach der Blüte: die lang gestielten, bis 20 cm großen Blätter

Huflattich
Tussilago farfara

Wuchshöhe 10–30 cm hoch
Blütezeit Februar–April
Standort Wächst an Weg- und Feldrändern, in Kiesgruben, auf Schuttflächen.

> **TYPISCH** Wenn der Huflattich seine beschuppten Blütenstiele aus der Erde schiebt, dann ist der Frühling nicht mehr fern. Diese Pflanze gehört zu den ersten in unserer Flora, die sich nach dem Winter zeigt. Der Huflattich ist auch heute noch eine wichtige Heilpflanze und als solche in vielen Hustenmitteln enthalten. . Darauf verweist auch sein lateinischer Name. »Tussilago« bedeutet übersetzt »ich vertreibe Husten«. In Frankreich wird er als »Gold der Lunge« geschätzt. Aber er enthält nach neuen Erkenntnissen auch leberschädigende Pyrrolizidinalkaloide. Für medizinische Anwendungen werden Sorten ohne diese Alkaloide gezüchtet.

5 BLÜTENBLÄTTER

❶ Scharfer Mauerpfeffer
Sedum acre

STECKBRIEF Stängel kriechend, 3–15 cm lang • Juni–August • Blätter fleischig, dick, an der Spitze oft rot • Kronblätter der Blüten stehen fast waagrecht ab • Pionierpflanze auf sandigen und steinigen Böden. Bildet auf Kieswegen und Bahnschotter, an Felsen und Mauern oft dichte Teppiche.

❷ Kleiner Odermennig
Agrimonia eupatoria

STECKBRIEF 30–120 cm hoch • Juni–September • Blätter gefiedert mit 5–9 Paaren seitlicher Fiederblättchen und 1 Endfieder, zwischen den seitlichen Blättchen kleine Fiedern, alle am Rand gezähnt und unterseits filzig behaart • Lange blattlose Blütenähre • Magerwiesen und Waldränder.

Auf Königskerzen angewiesen: die Raupen des Königskerzen-Mönchs

Schwarze Königskerze

Verbascum nigrum

Wuchshöhe 50–120 cm
Blütezeit Juni–September
Standort Diese Pflanze ist ein Erstbesiedler offener Böden. Sie wächst auf Schuttflächen, an Bahndämmen und auf Kahlschlägen im Wald.

> **TYPISCH** **Als zweijährige Pflanze bildet die Schwarze Königskerze im ersten Jahr ihrer Entwicklung nur eine Blattrosette aus. Erst in ihrem zweiten Sommer bildet sie die hohen Stängel mit den Blütenähren. Ihre Samen sind winzig klein und werden vom Wind verfrachtet. Etwa 50 000 davon kann eine einzige Pflanze produzieren. Königskerzen sind wichtige Futterpflanzen: Die Raupen des Königskerzen-Mönchs ernähren sich überwiegend von verschiedenen Königskerzen-Arten. Zunächst fressen sie an den Blättern, später an Blüten und Fruchtständen.**

5 BLÜTENBLÄTTER

❶ Echte Nelkenwurz
Geum urbanum

STECKBRIEF 30–120 cm hoch • Mai–Oktober • Stängelblätter dreiteilig, grob gezähnt, mit großen Nebenblättern • Gelbe Blüten, 5 gelbe Kronblätter und 5 grüne Kelchblätter zwischen den Kronblättern sichtbar • Ursprünglich Pflanze der Laubwälder, wächst auch an Mauern, Zäunen und auf Ödflächen.

❷ Gänse-Fingerkraut
Potentilla anserina

STECKBRIEF 5–15 cm lang • Mai–August • Stängel kriecht am Boden • Blätter unterbrochen gefiedert, d. h. große Teilblättchen wechseln sich mit sehr kleinen ab; Blattrand der Teilblättchen gesägt; Blattunterseite silbrig behaart • Blüten einzeln auf langen Stielen • An Wegrändern, Bahndämmen.

Kelch aufgeblasen

Blüten glockenförmig, dottergelb

Blüten auf blattlosem Stängel

Blätter runzelig

Legen ihre Eier an der Unterseite der Blätter ab: Schlüsselblumen-Würfelfalter

Echte Schlüsselblume

Primula veris

Wuchshöhe 10–20 cm
Blütezeit April–Mai
Standort Wächst im Unterschied zur verwandten Hohen Schlüsselblume eher auf Magerwiesen und an Weg- und Waldrändern.

> **TYPISCH** Der volkstümliche Name »Primel« für die Schlüsselblumen ist aus dem Lateinischen entlehnt und hebt die frühe Blütezeit hervor (»Primula« = »die Erste«). Vor allem diese Schlüsselblume wird als Heilpflanze genutzt. Darauf verweist schon ihr Artname »Echte Schlüsselblume« (lateinisch »veris« = »echt«). Die Wirkstoffe sind in den fein nach Honig duftenden Blüten und – in höherer Konzentration – in der Wurzel enthalten. Sie lindern im Tee die Beschwerden bei Entzündungen der Atemwege. Doch Vorsicht: Vereinzelt können nach dem Genuss allergische Reaktionen auftreten.

5 BLÜTENBLÄTTER

❶ Echtes Johanniskraut
Hypericum perforatum

STECKBRIEF 30–80 cm hoch • Juni–September • Stängel zweikantig • Blätter gegenständig, oval, ganzrandig, durchscheinend punktiert • Blüten goldgelb, Blütenblätter am Rand schwarz punktiert, hinterlassen zerdrückt an den Fingern rote Flecken • An Weg-, Wald- und Gebüschrändern, Straßenböschungen.

❷ Echter Gilbweiderich
Lysimachia vulgaris

STECKBRIEF 50–150 cm hoch • Juni–August • Stängel aufrecht, verzweigt, kurz behaart • Blätter meist in Quirlen zu 3–4, lanzettlich zugespitzt, mit einem feinen Adernetz, Blattrand leicht gewellt • Pyramidenförmiger Blütenstand • Besiedelt Bachsäume, Bruchwälder, Feuchtwiesen, Sumpfgebüsche.

Blüte mit 5 glänzend gelben Kronblättern

Stängel rund

»Hahnenfuß«: benannt nach den vogelfußähnlichen, 5- bis 7-teiligen Blättern

Scharfer Hahnenfuß
Ranunculus acris

Wuchshöhe 30–100 cm hoch
Blütezeit Mai–Juli
Standort Wächst v. a. auf stark gedüngten Fettwiesen und Weiden.
Achtung Die Pflanze enthält wie viele Hahnenfußgewächse das giftige Protoanemonin. Ihr Saft kann auf der Haut Rötungen und Blasen hervorrufen. Wer barfuß durch eine frisch gemähte Wiese läuft, wird dies, je nach Empfindlichkeit, vielleicht bemerken.

→ **TYPISCH** Im Mai prägt der Scharfe Hahnenfuß zusammen mit dem Löwenzahn den Farbaspekt nährstoffreicher Wiesen. Weniger konkurrenzstarke Arten unterdrückt er, denn seine Wurzeln geben Hemmstoffe ab, die benachbarte Pflanzen in ihrer Entwicklung bremsen.

Die Früchte: dank Luftkammern schwimmfähig →

5 BLÜTENBLÄTTER

Gelbe Teichrose
Nuphar lutea

Wuchshöhe Die Pflanze ist mit bis zu 2,5 m langen Blattstielen – den längsten aller mitteleuropäischen Pflanzen – im Gewässergrund verankert.
Blütezeit Juni–September
Standort Stehende und langsam fließende Gewässer.

→ **TYPISCH** Die Nixenblume, wie die Gelbe Teichrose auch genannt wird, wuchs früher in jedem trägen Fluss. Heute ist sie eher eine Seltenheit und geschützt. Die ganze Pflanze ist von einem Durchlüftungsgewebe durchzogen. So kann die Luft von den Spaltöffnungen auf der Blattoberseite bis zu den Wurzeln am Teichgrund vordringen und für den nötigen Auftrieb von Stängeln und Schwimmblättern sorgen.

Blütenblätter glänzend goldgelb

Blätter nierenförmig, glänzend

viele Staubblätter

Frucht: öffnet sich sternförmig, die Samen liegen frei →

Sumpf-Dotterblume
Caltha palustris

Wuchshöhe 15–60 cm
Blütezeit April–Juni
Standort Bachränder, feuchte Wiesen, Bruchwälder. Vor allem in Erlenbruchwäldern bildet sie große Bestände.
Achtung Die Pflanze ist zwar schön, aber auch giftig. Das enthaltene Protoanemonin reizt Haut und Schleimhäute, wird aber beim Trocknen abgebaut.

> **TYPISCH** Wer die Sumpf-Dotterblume einmal bewusst angeschaut hat, wird sie so schnell nicht wieder vergessen. Es gibt kaum eine andere Blütenpflanze mit 5 Blütenblättern, die so sattgelb blüht und deren Blütenblätter so fettig glänzen. Mit diesen auffälligen Blüten bestimmt sie den Frühlingsaspekt feuchter Standorte.

BIS 4 BLÜTENBLÄTTER

❶ Wechselblättriges Milzkraut
Chrysosplenium alternifolium

STECKBRIEF 15–20 cm hoch • März–Mai • Stängel dreikantig • Blätter wechselständig, nierenförmig, Blattrand gekerbt • Blütenhülle mit nur 4 Kelchblättern • Um die Blüten mehrere gelbgrüne Blätter • Braucht luftfeuchte Standorte. Meist in Gruppen in Auen- und Schluchtwäldern, an Bachufern.

❷ Zypressen-Wolfsmilch
Euphorbia cyparissias

STECKBRIEF 15–50 cm hoch • April–Juli • Pflanze mit weißem, giftigem Milchsaft • Blätter wechselständig, linealisch • Doldenartiger Blütenstand • Blüte von gelbgrünen Hochblättern umgeben; zwischen den Hochblättern halbmondförmige Nektardrüsen • Magere Weiden, Schotterflächen Schutt.

- Zahlreiche Blüten in endständiger Rispe
- Blütenkrone flach ausgebreitet
- Blätter nadelförmig schmal

Blattquirl aus 8–12 nadelartig schmalen, kaum 2 mm breiten Blättern

Echtes Labkraut

Galium verum

Wuchshöhe 30–60 cm
Blütezeit Juni–September
Standort Wächst in trockenen Rasen, an Wegrainen und Gebüschsäumen.

→ **TYPISCH** Das Echte Labkraut ist gut an trockene Standorte angepasst. Seine nadelartig schmalen Blätter mit den eingerollten Rändern verdunsten nur wenig Wasser. In den Blättern ist ein Stoff vorhanden, der wie das Labferment aus dem Kälbermagen Milch zum Gerinnen bringt. Seine reichlich vorhandenen Blüten duften intensiv nach Honig und ziehen Bienen magisch an. Mit ihrem ausgeprägten Aroma sind sie auch Grundlage für ein süßlich-aromatisches Blütengelee. Die Pflanze enthält gelbe, der Wurzelstock rote Farbstoffe.

BIS 4 BLÜTENBLÄTTER

❶ Nachtkerze
Oenothera biennis

STECKBRIEF 50–150 cm hoch • Juni–August • Stängel etwas kantig • Grundblätter in einer Rosette, Stängelblätter wechselständig, lang, schmal, spitz • Blüten tellerförmig, sitzen in den Achseln der oberen Blätter, öffnen sich abends • An Wegrändern, Bahndämmen und auf Schuttplätzen.

❷ Blutwurz
Potentilla erecta

STECKBRIEF 15–30 cm • Mai–August • Stängel niederliegend bis aufsteigend • Stängelblätter dreizählig gefingert mit 2 kleineren Nebenblättern an der Basis, am Rand grob gezähnt • Gelbe Blüten an dünnen Stielen in den Blattachseln • In Magerwiesen, an Waldrändern, in lichten Wäldern.

knäuelige Blütenstände

Blätter mit 9–11 am Rand gezähnten Lappen

Blätter rundlich, nierenförmig

Einzelblüte mit 4 äußeren und 4 inneren Kelchblättern

Frauenmantel-Blätter: an den Rändern oft Wassertröpfchen

Frauenmantel
Alchemilla vulgaris

Wuchshöhe 15–50 cm
Blütezeit Juni–August
Standort Wächst häufig auf gedüngten Wiesen und Weiden, in Gebüschen und an grasigen Wegrändern.

TYPISCH An den Blatträndern des Frauenmantels sitzen häufig kleine Wassertröpfchen, die in der Sonne wie Perlen schimmern. Diese Tropfen scheidet die Pflanze bei hoher Luftfeuchtigkeit aus winzigen Wasserspalten selbst aus. Diesen Vorgang nennt man Guttation. Die Alchemisten des Mittelalters hielten diese Tropfen für himmlisches Wasser, sammelten sie und versuchten damit – natürlich vergeblich – aus unedlen Metallen Gold herzustellen. An diese wundergläubigen Alchemisten erinnert noch der wissenschaftliche Name der Pflanze: Alchemilla.

BIS 4 BLÜTENBLÄTTER

❶ Acker-Senf
Sinapis arvensis

STECKBRIEF 30–60 cm hoch • April–Oktober • Blätter lanzettlich, rau behaart, im unteren Stängelbereich gestielt • Blüten schwefelgelb, Kelchblätter stehen waagrecht ab • Schotenfrucht mit rotbraunen Samen • Häufiges Ackerwildkraut, wächst v. a. auf Kartoffel- und Rübenfeldern, auch auf Schuttplätzen.

❷ Wegrauke
Sisymbrium officinale

STECKBRIEF 30–60 cm hoch • Mai–Oktober. Sparrig verzweigter Wuchs • Blätter spießförmig bis gefiedert, manchmal schlapp hängend • Blüten nur 4–7 mm groß, blassgelb • Dünne Schotenfrüchte, liegen dem Stängel an • In Wildkrautbeständen an Weg- und Straßenrändern, auf Ödflächen.

An Bruchstellen von Stängeln und Blättern: austretender gelber Milchsaft

Schöllkraut
Chelidonium majus

Wuchshöhe 20–90 cm hoch
Blütezeit April–November
Standort Wächst auf nährstoffreichen Böden an Wegrändern, in Heckensäumen und an alten Mauern.
Achtung Der Milchsaft ist giftig. Seine Inhaltsstoffe hemmen die Zellteilung, ein Grund, weswegen man die Pflanze früher als Warzenmittel eingesetzt hat.

> **TYPISCH** Vom Frühling bis in den Spätherbst entfaltet das Schöllkraut seine Blüten. Mit Ölkörperchen an den schwarz glänzenden Samen belohnt es Ameisen, die für seine Verbreitung sorgen. Mit den Ameisen kommt es auch an Orte, an denen man es zunächst nicht vermuten würde: auf Mauerkronen und in Steinspalten, sogar auf Kopfweiden und in Astgabeln. Weil das Schöllkraut seine Blüten entfaltet, wenn die Schwalben aus dem Winterquartier zurückkehren, nannte man es früher auch Schwalbenkraut.

die 5 Blütenblätter an ihrer Basis zu einer Röhre verwachsen. Aber die Zahl der freien Zipfel verweist auf die Zahl der miteinander verwachsenen Kronblätter.

AB SEITE 54

Mehr als 5 Blütenblätter

Die häufigste gelb blühende heimische Blume mit mehr als 5 Blütenblättern ist der Löwenzahn aus der Familie der Korbblütler. Bei dieser Pflanzenfamilie spricht man von »Blütenkörbchen«. Was aus der Ferne wie eine große Blüte aussieht, ist tatsächlich ein »Korb« aus vielen kleinen Blüten, hier sind es Zungenblüten. Bei anderen, wie etwa der Strahlenlosen Kamille, sind es nur Röhrenblüten und beim Huflattich schließlich ist es eine Kombination aus Zungen- und Röhrenblüten.

AB SEITE 62

Zweiseitigsymmetrische Blüten

Arten einer Pflanzenfamilie haben meist einen ähnlichen charakteristischen Blütenbau. So sind die Blüten der Schmetterlings- und Lippenblütler meist zweiseitig-symmetrisch. Echter Steinklee und Wiesen-Platterbse sind in dieser Gruppe typische Beispiele dafür.

GELBE BLUMEN
schneller bestimmen

Die Blume, die du bestimmen möchtest, hat eine gelbe Blüte. Wie gehst du nun weiter vor?

<u>Zähle die Blütenblätter.</u>

Anschließend blätterst du zu der Seite, ab der die Arten mit der entsprechenden Anzahl von Blütenblättern vorgestellt werden.

AB SEITE 40
Bis 4 Blütenblätter

In unserer Landschaft kann man eine ganze Reihe gelb blühender Arten mit höchstens 4 Kronblättern finden. Typisch für diese Gruppe ist das Schöllkraut mit zwar kleinen, aber leicht zählbaren Blütenblättern. Auffallend große, tellerförmige Blüten hat die Nachtkerze, allerdings öffnen sie sich erst in den Abendstunden.

AB SEITE 46
5 Blütenblätter

Die Sumpf-Dotterblume ist ein typischer Vertreter dieser Gruppe. Ihre ausgebreiteten Blütenblätter sind leicht zu zählen. Bei der Echten Schlüsselblume dagegen sind

ZWEISEITIG-SYMMETRISCH

❶ Ufer-Wolfstrapp
Lycopus europaeus

STECKBRIEF 20-130 cm • Juli-September • Im Unterschied zu den meisten anderen Lippenblütlern völlig geruchlos • Blätter gekreuzt gegenständig, lanzettlich, bis zu 10 cm lang, am Rand grob gesägt • Kleine weiße Blüten in dichten Knäueln in den oberen Blattachseln • An sumpfigen Standorten.

❷ Augentrost
Euphrasia officinalis

STECKBRIEF 5-25 cm hoch • Mai-Oktober • Blätter gegenständig, eiförmig, am Rand gezähnt • Weiße Lippenblüten in den Achseln der oberen Blätter, Oberlippe mit violetten Adern, Unterlippe dreizipfelig mit gelbem Fleck und violetten Adern • Weit verbreitet in Magerwiesen und Weiderasen.

Blätter gekreuzt gegenständig

Blüten in Quirlen in den Blattachseln

Blattrand gesägt

Duftende Goldnesseln: beliebte Bodendecker in Gärten

Weiße Taubnessel

Lamium album

Wuchshöhe 30–60 cm
Blütezeit April–Oktober
Standort Diese Zeigerpflanze für nährstoffreiche Böden besiedelt Weg-, Gebüsch- und Waldränder, Bahndämme und auch Gärten.

TYPISCH Die Taubnessel hat das wehrhafte Aussehen der Brennnessel kopiert, aber ihre Blätter und Stängel tragen keine Brennhaare und brennen nicht. Erst wenn die Taubnessel ihre Blüten entwickelt, wird der Unterschied offensichtlich. Nicht nur Hummeln schätzen deren Nektarreichtum. Auch in der Wildkräuterküche werden sie genutzt: Sie schmecken köstlich als Tee und eignen sich auch als Aroma für Säfte, Sirup und Süßspeisen. Im Frühling gesammelte Blätter bereichern gemischte Salate, Gemüsegerichte und Aufläufe. Alle Taubnesselarten können in der Küche verwendet werden.

ZWEISEITIG-SYMMETRISCH

❶ Weißer Steinklee
Melilotus albus

STECKBRIEF   30–120 cm • Juni–September • Blätter dreizählig, eiförmig, am Rand gezähnt • Hängende Blüten in langen, schmalen Trauben • Bei Reife schwarze Hülsenfrucht mit netzartigen Rippen • An sonnigen Ruderalstellen, Schuttplätzen, in Steinbrüchen, auf Bahngelände. Schwach giftig.

❷ Weißklee
Trifolium repens

STECKBRIEF   5–20 cm hoch • Mai–September • Duftende, kugelige, Blütenköpfchen • Blätter dreiteilig, mit weißer Zeichnung auf der Oberseite, Blattrand fein gezähnt • Eine der häufigsten Pflanzen Mitteleuropas, die weit verbreitet in Wiesen und Weiden, Garten- und Parkrasen wächst.

weiße und rote Blüten oft in einem Bestand

Blüten in endständigen Trauben

Blätter doppelt dreiteilig, mit glattem Rand

Runde Samen mit einem weißen, fettreichen Anhängsel, dem Elaiosom

Hohler Lerchensporn

Corydalis cava

Wuchshöhe 15–30 cm
Blütezeit März–Mai
Standort Buchen- und Auenwälder. Schätzt feuchte, nährstoffreiche Lehmböden. Tritt an seinen Standorten immer in größeren Gruppen auf.
Achtung Der Hohle Lerchensporn enthält insbesondere in seiner tief im Boden liegenden Knolle für Menschen giftige Alkaloide. Sie ist der giftigste Teil der insgesamt giftigen Pflanze.

TYPISCH Ameisen lieben den Lerchensporn, denn seine Samen tragen ein nährstoffreiches Anhängsel, das sie an ihre Larven verfüttern. Deshalb tragen sie die Samen in ihren Bau und helfen so dem Lerchensporn, sich neue Lebensräume zu erschließen. Aber nur auf kalkreichen Böden bildet die Pflanze ausgedehnte Blütenteppiche.

MEHR ALS 5 BLÜTENBLÄTTER

③ **Märzenbecher**
Leucojum vernum

STECKBRIEF 10–30 cm • Februar–März • Blätter glänzend, 10–25 cm lang, 5–25 mm breit • Pro Stängel eine nickende Blüte • Blüten glockig, 6 etwa gleich große Kronblätter mit grünem oder gelbem Fleck unterhalb der Spitze • In großen Gruppen in feuchten Wäldern, auf waldnahen Feuchtwiesen. Geschützt.

④ **Schneeglöckchen**
Galanthus nivalis

STECKBRIEF 8–20 cm • Februar–März • Blätter grundständig, blaugrün, schmal lineal, mit heller Spitze • Pro Stängel eine hängende Blüte, 3 äußere lange und 3 innere deutlich kürzere Blütenblätter mit grünem Fleck • Im Halbschatten feuchter Wälder. Giftig. Geschützt.

① Maiglöckchen
Convallaria majalis

STECKBRIEF 10–20 cm hoch • Mai–Juni • Paarweise ineinander gerollte, lanzettliche Blätter • Intensiv duftende glockenförmige Blüten auf kantigem Stängel, Blüten zu einer Seite ausgerichtet • Früchte: glänzend rote Beeren • In Eichen- und Buchenwäldern sommerwarmer Klimalagen.

② Vielblütige Weißwurz
Polygonatum multiflorum

STECKBRIEF 30–80 cm hoch • Mai–Juni • Stängel rund, überhängend • Blätter wechselständig, lanzettlich, parallelnervig • Blüten hängen zu 2–6 in den Blattachseln • Früchte: blaue Beeren • Verbreitet im Schatten krautreicher Laubwälder auf nährstoffreichen, oft kalkhaltigen Böden. Giftig.

Die Blütenknospen sind von einem silbrig schimmernden Häutchen umgeben →

MEHR ALS 5 BLÜTENBLÄTTER

Bärlauch
Allium ursinum

Wuchshöhe 20–50 cm
Blütezeit April–Mai
Standort Charakteristische Pflanze schattiger, feuchter Laub- und Auwälder. Wächst dort oft flächendeckend und macht schon von Weitem mit einem intensiven Lauchduft auf sich aufmerksam.
Achtung Giftige Verwechslungsarten sind das Maiglöckchen (S. 32), die Herbstzeitlose (S. 87) und der Aronstab (S. 114).

→ **TYPISCH** Früher hat man den Bärlauch als blutdrucksenkende und magenwirksame Heilpflanze genutzt. Heute schätzt man ihn in der Wildkräuterküche. Die ganze Pflanze eignet sich klein geschnitten zum Würzen von Salaten, Suppen, Käse und Quark.

6–8 Blütenblätter, viele gelbe Staubblätter

pro Stängel eine weiße Blüte

Blätter drei- bis fünfteilig, am Rand grob gezähnt

Die Frühlingsblume bildet im Laubwald oft ausgedehnte Blütenteppiche

Busch-Windröschen

Anemone nemorosa

Wuchshöhe 5–25 cm
Blütezeit März–Mai, je nach Höhenlage
Standort Wächst in feuchten Hecken, Laubmisch- und Auwäldern, im Bergland auch auf Wiesen.
Achtung Die Pflanze ist wie alle Anemonenarten schwach giftig.

TYPISCH Als Frühblüher nutzt das Busch-Windröschen die lichtreichste Zeit in seinem Lebensraum. Es entfaltet seine Blüten noch ehe die Bäume Blätter tragen und kein Licht mehr zu den Bodenpflanzen durchlassen. Diese frühe Blütezeit ist für das Busch-Windröschen nur möglich, weil es schon im Vorjahr in seinem Wurzelstock die Energie für das schnelle Wachstum im nächsten Frühling gespeichert hat.

MEHR ALS 5 BLÜTENBLÄTTER

❶ Acker-Hundskamille
Anthemis arvensis

STECKBRIEF 15–50 cm • Mai–Oktober • Stängel stark verzweigt • Blütenköpfchen aus weißen Zungenblüten und gelben Röhrenblüten, Köpfchenboden mit Mark gefüllt • In Wildkrautbeständen von Getreidefeldern, auf brachliegenden Flächen. Anders als die Echte Kamille kein arzneilicher Wert.

❷ Schafgarbe
Achillea millefolium

STECKBRIEF 20–120 cm • Juni–Oktober • Stängel sehr zäh • Blätter wechselständig, tief in viele kleine schmale Abschnitte zerteilt • Einzelne weiße Blütenköpfe bilden schirmartigen Blütenstand • Blätter und Blüten mit aromatischem Duft • Auf Wiesen und Weiden, an Wegrändern und Ackerrainen.

Blätter tief in viele schmale Abschnitte geteilt

Blüten aus gelben Röhren- und weißen Zungenblüten

Blätter wechselständig

Kurz vor dem Verblühen sind die Zungenblüten nach unten umgeschlagen →

Echte Kamille

Matricaria chamomilla

Wuchshöhe 15–40 cm
Blütezeit Mai–August
Standort Wächst an Feld-, Weg- und Straßenrändern, auf Schuttplätzen.

TYPISCH Die Echte Kamille ist eine unserer bekanntesten Heilpflanzen. An ihrem Duft und dem hohlen Blütenboden ist sie leicht von ähnlichen Arten ohne heilende Wirkung zu unterscheiden. Schon im 16. Jahrhundert war die Echte Kamille die Heilpflanze schlechthin. Und auch heute vertraut man auf ihre heilende Wirkung bei Entzündungen im Magen-Darm-Bereich, bei Menstruationsbeschwerden, bei Schlafstörungen und – neuesten Untersuchungen zufolge – auch bei Angstzuständen. Äußerlich nutzt man ihre Inhaltsstoffe in Form von Umschlägen und Salben bei Hautkrankheiten. Verantwortlich für die heilende Wirkung der Echten Kamille ist das ätherische Öl mit Chamazulen.

MEHR ALS 5 BLÜTENBLÄTTER

❶ Gänseblümchen
Bellis perennis

STECKBRIEF 3–15 cm hoch • Februar–November • Stängel blattlos • Blätter in einer Rosette am Boden, schmal löffelförmig, behaart, am Rand gekerbt • Blütenköpfchen aus gelben Röhrenblüten und weißen Zungenblüten, oft rötlich angelaufen • In Wiesen, an Wegrändern, auf Rasenflächen.

❷ Kleinblütiges Knopfkraut
Galinsoga parviflora

STECKBRIEF 15–60 cm hoch • Mai–Oktober • Stängel aufrecht, verzweigt • Blätter gegenständig, spitz-eiförmig, Blattrand gesägt • Blütenköpfchen: gelbe Röhrenblüten, 5 weiße Zungenblüten, zwischen den Zungenblüten große Lücken • Gärten, Weinberge, Wegränder. Häufig. Auch Franzosenkraut genannt.

1 Blüte am Stängelende

Stängelblätter lang, schmal, am Rand gezähnt

Blüten aus gelben Röhren- und weißen Zungenblüten

Die Saatwucherblume hat gelbe Zungenblüten, anders als die Wiesen-Margerite →

Wiesen-Margerite
Leucanthemum vulgare

Wuchshöhe 30–80 cm
Blütezeit Mai–September
Standort Wächst verbreitet auf Wiesen, an Weg- und Straßenrändern, heute besonders häufig an Straßenböschungen.
Achtung Vor der Blüte kann die Pflanze mit dem schwach giftigen, gelb blühenden Jakobs-Greiskraut (S. 55) verwechselt werden.

TYPISCH Die Margerite gedeiht auf Böden aller Art. Nur zu nasse und nährstoffreiche Standorte meidet sie. An neu angelegten Straßenböschungen tritt sie oft in großen Beständen auf. Deshalb wird sie volkstümlich auch Wucherblume genannt. Besonders beliebt ist sie als langlebige Schnittblume in Wildblumensträußen.

5 BLÜTENBLÄTTER

❸ Vogelmiere
Stellaria media

STECKBRIEF 3–40 cm hoch • Januar–Dezember • Stängel niederliegend bis aufrecht, mit klar abgesetztem Streifen weißer Härchen • Blätter gegenständig, breit eiförmig, zugespitzt • 5 Blütenblätter, fast bis zum Grund geteilt • Wächst als dichter grüner Rasen in Gärten, an Wegrändern.

❹ Taubenkropf-Leimkraut
Silene vulgaris

STECKBRIEF 20–50 cm hoch • Juni–August • Duftet nachts intensiv kleeartig • Blätter spitz, gegenständig • Aufgeblasener rosafarbener Blütenkelch, aus dem tief gespaltene Blütenblätter, Griffel und Staubblätter herausragen • Auf nährstoffarmen Böden, an Bahntrassen, in Steinbrüchen.

❶ Große Sternmiere
Stellaria holostea

STECKBRIEF   10–40 cm hoch • April–Juni • Wirkt zerbrechlich • Vierkantiger Stängel • Blätter gegenständig, lang zugespitzt • Blüten 2–3 cm im Durchmesser, lang gestielt, 5 bis zur Mitte geteilte Blütenblätter • Weit verbreitet in halbschattigen Lagen feuchter Laub- und Mischwälder.

❷ Wasser-Hahnenfuß
Ranunculus aquatilis

STECKBRIEF   Stängel 0,5–2 m lang • Mai–August • Nierenförmig gelappte Schwimmblätter, haarfeine Tauchblätter • duftende weiße Blüten ragen auf langen Stielen über die Wasseroberfläche empor • In stehenden oder langsam fließenden Gewässern. Bildet oft große Blütenteppiche auf Fischteichen.

5 BLÜTENBLÄTTER

❸ Ährige Teufelskralle
Phyteuma spicatum

STECKBRIEF   20–90 cm hoch • Mai–Juli • Grundblätter lang gestielt, herzförmig, am Rand gezähnt, oft dunkel gefleckt • Walzenförmiger Blütenstand aus cremeweißen Blüten, die vor dem Aufblühen krallenförmig gekrümmt sind • Charakterpflanze von Laubmischwäldern, auch auf Bergwiesen.

❹ Zaunwinde
Calystegia sepium

STECKBRIEF   Kletterpflanze mit 1–3 m langen Stängeln • Juni–September • Pfeilförmige Blätter mit kurzen Blattstielen • Große reinweiße Trichterblüten, mit bis zu 5 cm Durchmesser, gehören zu den größten der heimischen Flora • In Auwäldern, feuchten Hecken und Ufergebüsch.

❶ Wald-Sauerklee
Oxalis acetosella

STECKBRIEF   5–15 cm hoch • April–Mai • Stängel rötlich, mit je einer Blüte am Ende • Blätter dreiteilig wie Kleeblätter, lang gestielt, können nach unten geklappt werden • 5 weiße Blütenblätter mit rosa Adern auf weißem Grund. • Eine unserer häufigsten Waldpflanzen, besiedelt Laub- und Nadelmischwälder.

❷ Fieberklee
Menyanthes trifoliata

STECKBRIEF   15–30 cm hoch • April–Juni • Blütenstängel blattlos • Blätter dreizählig, erinnern an große Kleeblätter • Blüten in Trauben am Stängelende, Blütenblätter mit vielen bartartigen Fransen • Besiedelt Verlandungssümpfe von Teichen, Moore, nasse und zeitweilig überschwemmte Wiesen.

5 BLÜTENBLÄTTER

❶ Wilde Möhre
Daucus carota

STECKBRIEF   30–90 cm hoch • Mai–September • Stängel mit Mark gefüllt • Blätter gefiedert, verströmen beim Zerreiben den Duft von Karotten • Schirmartig flache Blütendolde, rötlich schwarze Blüte in der Doldenmitte • Vogelnestartiger Fruchtstand • Auf Grünland, an Wegrändern und Feldrainen.

❷ Giersch
Aegopodium podagraria

STECKBRIEF   30–100 cm hoch • Mai–Juli • Stängel hohl und kantig gefurcht • Blätter dreiteilig, länglich eiförmig, Blattstiel dreikantig, markig, Blattrand gezähnt • Blüten in Dolden • Ursprünglich eine Pflanze der Wälder, hat der Giersch in Gärten eine zweite Heimat gefunden, gilt hier aber als Unkraut.

Blüten in Dolden

Stängel tief gefurcht, ohne Flecken

Blätter in viele gezähnte Abschnitte unterteilt

Einzelblüten aus 5 weißen Kronblättern und langen Staubblättern →

Wiesen-Kerbel
Anthriscus sylvestris

Wuchshöhe 60–150 cm
Blütezeit Mai–August
Standort Häufige und charakteristische Art in Fettwiesen, an Ackerrainen, Weg- und Gebüschrändern.
Achtung In Verbindung mit Sonnenlicht kann der Saft des Wiesen-Kerbels sonnenbrandähnliche Hautreaktionen hervorrufen.

→ **TYPISCH** Als stickstoffliebende Pflanze ist der Wiesen-Kerbel kennzeichnend für den Grad der Überdüngung unserer Kulturlandschaft. Wo der Boden besonders nährstoffreich ist, wächst er in Massen. Und mit dieser Massenausbreitung trägt er zur Verarmung der Flora unserer Kulturlandschaft bei – auch wenn er zur Blütezeit Ackerraine schmückt. Für Wildkräuterköche ist er wegen seiner gesunden Inhaltsstoffe wie Vitamin C, Eisen und Magnesium ein hochwertiges Wildkraut.

5 BLÜTENBLÄTTER

❶ Knackerdbeere
Fragaria viridis

STECKBRIEF 5–15 cm hoch • Mai–Juni • Blätter dreiteilig, Blattrand gezähnt • Rote Frucht ohne typisches Erdbeer-Aroma, Frucht anders als Wald-Erdbeere mit anliegenden Kelchblättern, löst sich beim Pflücken mitsamt dem Kelch mit einem Knacken • Wächst in sonnigen Gebüschsäumen.

❷ Erdbeer-Fingerkraut
Potentilla sterilis

STECKBRIEF 5–10 cm • März–Mai • Stängel kriecht am Boden oder richtet sich bogig auf • Blätter erdbeerblattartig dreiteilig, Blattrand gezähnt • Blüten weiß, mit 5 herzförmigen Blütenblättern, dazwischen die Kelchblätter sichtbar • Besiedelt Waldlichtungen, Waldränder, Gebüschsäume, Feldraine.

5 rundliche Blütenblätter

Blätter dreiteilig, Blattrand gezähnt

Rote Früchte mit abstehenden Kelchblättern, im Juni oft zeitgleich mit den Blüten

Walderdbeere
Fragaria vesca

Wuchshöhe 5–20 cm
Blütezeit Mai–Juni
Standort Wächst in hellen Laubwäldern, Hecken und Gebüschsäumen. Schätzt nährstoff- und humusreiche Böden und gilt als Stickstoff-Zeigerpflanze.

TYPISCH Erdbeeren wachsen seit Jahrtausenden in unseren Wäldern. Bereits in der Antike haben römische Dichter ihre geschmacklichen und gesundheitlichen Vorzüge gerühmt. Ovid nannte sie »frega« oder »fregum«, woran noch heute der französische Name »fraise« erinnert. Der botanische Name »Fragaria«, abgeleitet von fragare = duften, erschien erstmals im Jahr 1330. Nicht zu Unrecht: die Blätter duften zerrieben nach Rosen. Die kleinen aromatischen Früchte schmecken nicht nur uns Menschen. Auch viele Säugetiere und selbst Ameisen mögen sie gerne und sorgen so für die Verbreitung der Samen.

lange Blütenrispen

Teilblättchen spitz eiförmig, Blattrand gesägt

Blätter bis 1 m lang, zusammengesetzt

Blütenrispe aus Hunderten winziger, nur 2–4 mm großer Einzelblüten →

5 BLÜTENBLÄTTER

Wald-Geißbart

Aruncus dioicus

Wuchshöhe 80–150 cm
Blütezeit Juni–Juli
Standort Als Wildpflanze in Schluchtwäldern, an Gebirgsbächen und schattigen Steilhängen anzutreffen, in den Alpen bis in Höhenlagen von 1500 m. Sie ist auch eine bekannte Garten-Zierpflanze.

→ **TYPISCH** Humusreicher, feuchter, leicht steiniger Waldboden und möglichst Halbschatten – das sind die Anforderungen, die der Wald-Geißbart an seinen Standort stellt. Vielleicht ist er gerade wegen dieser Ansprüche als Wildpflanze in Deutschland selten, trotz reicher Samenproduktion. Als Zierpflanze in Gärten und Parks sieht man ihn häufiger. Hier ist er die richtige Wahl fürs Schattenbeet. Als Begleitpflanzen passen großblättrige Funkien, hohe Glockenblumen und auch der Weiße Fingerhut.

Cremeweiße Blüten mit vielen langen Staubblättern

Stängel kantig, oft rot überlaufen

Blätter wechselständig, zusammengesetzt

Typisch: Blätter mit abwechselnd großen und kleinen Fiederblättchen

Echtes Mädesüß

Filipendula ulmaria

Wuchshöhe 50–150 cm
Blütezeit Juni–August
Standort Das Echte Mädesüß findet man an Bachufern und in feuchten Wiesen. Hier macht es mit üppigen Blütenrispen auf sich aufmerksam.

TYPISCH Wiesen, in denen das Echte Mädesüß blüht, verströmen einen angenehm süßlichen Duft. Früher nutzte man diesen Mädesüß-Blütenduft zum Aromatisieren von Met (Honigwein) und Bier, heute schätzt man das Aroma der Blüten in Süßspeisen und Säften. Bekannt ist das Mädesüß-Sorbet französischer Sterneköche. Auch als Heilpflanze wird das Echte Mädesüß genutzt. Blätter und Blüten ergeben einen Tee, der bei Erkältungen und Gelenkschmerzen hilft. Aus dem ätherischen Öl hat man 1839 eine Substanz isoliert, die Bestandteil des Schmerzmittels Aspirin ist.

BIS 4 BLÜTENBLÄTTER

❶ Hexenkraut
Circaea lutetiana

STECKBRIEF 20–70 cm • Juni–August • Die ganze Pflanze ist behaart • Stängel gerade, aufrecht • Blätter gegenständig, eiförmig, zugespitzt • Blüten mit nur 2 tief zweiteiligen Kronblättern, lang gestreckter Blütenstand • Wächst in lockeren Gruppen im Halbschatten von Laubwäldern, an Waldwegen.

❷ Mittlerer Wegerich
Plantago media

STECKBRIEF 10–45 cm • Mai–September • Stängel blattlos • Blätter breit oval, liegen in einer Rosette dem Boden an • Duftende Blüten mit 4 weißen Blütenzipfeln und blasslila gefärbten Staubbeuteln, sitzen in einer zylindrischen Blütenähre • Wächst an Weg- und Straßenrändern, in Rasenflächen.

Die Blüten: etwa 1 cm groß, mit 3 Kronblättern

Froschlöffel

Alisma plantago-aquatica

Wuchshöhe 30–100 cm
Blütezeit Juli–August
Standort Wächst verbreitet in den Verlandungszonen nährstoffreicher Gewässer, auch auf Schlammböden wechselfeuchter Standorte.
Achtung Die Pflanze und ihr brennend scharfer Saft reizen die Haut. Bei empfindlichen Personen können sich Blasen bilden.

TYPISCH Der Froschlöffel tritt je nach Feuchtigkeit seines Standorts in verschiedener Gestalt auf. Die Wasserform bildet flutende bandförmige Blätter aus, die Landform dagegen hat die typisch löffelförmigen Blätter, denen die Pflanze ihren Namen verdankt. Seine Blüten öffnet der Froschlöffel nur am Nachmittag.

BIS 4 BLÜTENBLÄTTER

❶ Kletten-Labkraut
Galium aparine

STECKBRIEF 60–200 cm lang • Juni–Oktober • Klettenartig haftende Pflanze • Stängel schlaff, vierkantig • Blätter in Quirlen zu 6–8 • Stängel, Blätter und Früchte mit rückwärts gerichteten Haaren besetzt • Kleine sternförmige Blüten • Alles überwuchernde Wegrandpflanze, auch an Hecken- und Waldrändern.

❷ Wiesen-Labkraut
Galium mollugo

STECKBRIEF 25–100 cm • Mai–September • Reichblütige Pflanze mit stark verzweigtem pyramidenförmigem Blütenstand • Blüten mit vierzipfliger Blütenkrone und 4 Staubbeuteln • Blätter lanzettlich, stehen zu 6–8 in Quirlen um den Stängel • Wächst verbreitet auf Wiesen, an Wald- und Gebüschrändern.

Blüten in Gruppen am Stängelende

6–8 lanzettliche Blätter in Quirlen

Blattquirle stehen stockwerkartig übereinander

Typisch Waldmeister-Blüte: 4 weiße spitze Kronblätter und 4 Staubblätter →

Waldmeister

Galium odoratum

Wuchshöhe 5–25 cm
Blütezeit April–Mai
Standort Wächst als typische Schattenpflanze in krautreichen Laub- und Mischwäldern.

→ **TYPISCH** Im Volksmund heißt der Waldmeister auch Duft-Labkraut. Er würzt mit seinem Aroma Süßspeisen und Getränke und verleiht auch der bekannten Maibowle ihren unvergleichlichen Geschmack. Und nicht nur das. Schon die Wikinger würzten mit dieser Pflanze ihr Bier, ein Brauch, der auch später gepflegt wurde und erst mit dem Reinheitsgebot von 1516 endete. Aber Waldmeisterblätter müssen vor der Blüte gepflückt werden und sollten vor Gebrauch 1–2 Stunden welken. Erst dann entwickelt sich der typische Waldmeisterduft. Weil die Pflanze Cumarin enthält, sollte man sie sparsam dosieren, will man Kopfschmerzen nach dem Genuss vermeiden.

BIS 4 BLÜTENBLÄTTER

❶ Acker-Hellerkraut
Thlaspi arvense

STECKBRIEF 15–40 cm • April–September • Riecht zerrieben lauchähnlich • Stängel aufrecht, kantig • Blätter schmal oval, ganzrandig oder gezähnt • Fast kreisrunde flache Schotenfrüchte • Wächst in Wildkrautbeständen von Getreide- und Hackfruchtfeldern, auf Ödland, in Weinbergen und Gärten.

❷ Frühlings-Hungerblümchen
Draba verna

STECKBRIEF 3–15 cm • März–Mai • Stängel blattlos, unverzweigt • Blätter in Grundrosette, behaart • Weiße Blüten in lockeren Trauben am Stängelende, besitzen 4 bis zur Mitte gespaltene Blütenblätter • Unscheinbare, sehr häufige Blume, oft in großen Gruppen an Wegrändern, auf Schuttflächen.

Frucht dreieckig bis herzförmig

Blütenstand am Stängelende

Stängelblätter ungeteilt, pfeilförmig

Bereichert die Küche im Frühling: löwenzahnähnliche zarte Blattrosetten

Hirtentäschelkraut

Capsella bursa-pastoris

Wuchshöhe 10–50 cm
Blütezeit März–November
Standort Häufige Pflanze der Weg- und Feldränder, Ödflächen, Gärten und Weinberge.

TYPISCH Das Hirtentäschelkraut ist ein Kulturbegleiter und heute – mit Ausnahme der Tropen – weltweit verbreitet. Seine ursprüngliche Heimat ist der Mittelmeerraum. Es ist eine fleischfressende Pflanze der besonderen Art. In ihren Samenschalen wurden eiweißspaltende Enzyme nachgewiesen. Man vermutet, dass sie damit sehr kleine Bodenlebewesen abtötet und deren Abbauprodukte als Nährstoffe für sich nutzt. Damit gelingt ihr auch auf besonders nährstoffarmen Standorten die Keimung. Das Hirtentäschelkraut hat keine genau definierte Blütezeit. In milden Wintern kann man es ganzjährig blühend antreffen.

BIS 4 BLÜTENBLÄTTER

❸ Echte Brunnenkresse
Nasturtium officinale

STECKBRIEF 30–80 cm lang • April–August • Stängel kantig, gerillt, hohl • Blätter setzen sich aus 5–9 glänzend dunkelgrünen fleischigen Teilblättchen zusammen, das Endblättchen ist vergrößert • Blüten weiß, mit gelben Staubbeuteln • Wächst in großen Beständen in klaren, kühlen Fließgewässern.

❹ Meerrettich
Armoracia rusticana

STECKBRIEF 50–120 cm • Mai–Juli • Grundblätter gestielt, bis zu 1 m lang, Stängelblätter unregelmäßig tief eingeschnitten, Blattrand gezähnt • Weiße Blüten in Trauben • Kräftige Pfahlwurzel • Alte Kulturpflanze, wächst verwildert in Unkrautgesellschaften von Wiesen, Weg-, Feld- und Bachrändern.

❶ Knoblauchsrauke
Alliaria petiolata

STECKBRIEF 20–100 cm • April–Juni • Stängel kantig, aufrecht • Blätter wie Brennnesselblätter, aber ohne Brennhaare, junge Blätter mit Knoblaucharoma • Weiße Blüten in Büscheln an der Stängelspitze • Schotenfrucht mit schwarzen Samen • An schattigen Wald- und Wegrändern, in Heckensäumen.

❷ Bitteres Schaumkraut
Cardamine amara

STECKBRIEF 10–60 cm • April–Juni • Stängel kantig, gerillt, mit Mark gefüllt • Blätter aus 8–10 ovalen seitlichen Teilblättchen und einem größeren rundlichen Endblättchen • Weiße Blüten mit violetten Staubbeuteln • Auf nassen, nährstoffreichen Böden, an Bachufern und auf Nasswiesen.

baren Blütenblättern. Die Wald-Erdbeere gehört dazu. Daneben gibt es aber auch Arten, die eine falsche Zahl ihrer Kronblätter vermitteln: Die scheinbar 10 Blütenblätter der Vogelmiere sind tatsächlich 5 tief eingeschnittene.

AB SEITE 26
Mehr als 5 Blütenblätter

In diese Gruppe gehören nicht nur Blumen, deren Blüten sichtbar mehr als 5 Blütenblätter besitzen, etwa der Bärlauch oder das Busch-Windröschen. Hier wurden auch Arten aus der Pflanzenfamilie der Korbblütler einsortiert wie die Wiesen-Margerite, deren Blüten eigentlich aus vielen kleinen Einzelblüten zusammengesetzt sind und nicht aus Blütenblättern.

AB SEITE 34
Zweiseitig-symmetrische Blüten

Als zweiseitig-symmetrisch werden in der Botanik Blüten bezeichnet, die aus 2 spiegelbildlichen Hälften bestehen. Dieser Blütentyp tritt vor allem bei Hülsenfrüchtlern und Lippenblütlern auf. Typische Vertreter in dieser Gruppe sind der Weiße Steinklee, der Weiß-Klee und auch die Weiße Taubnessel.

WEISSE BLUMEN
schneller bestimmen

Die Blume, die du bestimmen möchtest, hat weiße Blüten. Wie gehst du nun weiter vor?

↓

Zähle die Blütenblätter.

↓

Anschließend blätterst du zu der Seite, ab der die Arten mit der entsprechenden Anzahl von weißen Blütenblättern vorgestellt werden.

———

AB SEITE 8
Bis 4 Blütenblätter

Es gibt eine Vielzahl weiß blühender Blumen mit 4 Blütenblättern. Eine der bekanntesten ist die Knoblauchsrauke. Ihre weißen Blütenblätter sind kreuzförmig angeordnet und gut zu zählen. Nicht ganz so leicht ist es beim Wiesen-Labkraut, denn seine vierzipfeligen Blüten sind deutlich kleiner, sie messen nur 2–3 mm.

AB SEITE 16
5 Blütenblätter

Die große Gruppe der weiß blühenden Blumen mit 5 Blütenblättern umfasst viele Arten mit ausgebreiteten Blüten und damit gut zähl-

FORM UND ANZAHL
Der Aufbau der Blüte

Nachdem du die Blume im ersten Schritt einer Farbgruppe zugeordnet hast, betrachtest du ihre Blütenform.
→ Es gibt 2 Formgruppen: Entweder sind die Blüten kreisrund und radiärsymmetrisch aufgebaut, dann haben sie mehrere Symmetrieachsen.

Radiärsymmetrisch mit mehreren Symmetrieachsen

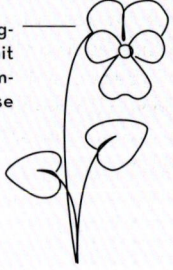

Zweiseitig-symmetrisch mit nur einer Symmetrieachse

→ Oder sie sind zweiseitig-symmetrisch, dann besitzen sie nur eine Symmetrieachse, die sie in 2 spiegelbildliche Hälften teilt.

Als Nächstes zählst du die Blütenblätter.
→ Die radiärsymmetrischen Blüten unterteilt man in 3 Untergruppen: höchstens 4 Blütenblätter, 5 Blütenblätter oder mehr als 5 Blütenblätter.
→ Jetzt kannst du zu der Seite blättern, ab der die Arten mit der entsprechenden Blütenfarbe, Blütenform und der Anzahl an Blütenblättern vorgestellt werden.
→ Zum Schluss vergewisserst du dich, ob du richtig liegst. Dazu vergleichst du deine Blume mit dem Foto, den beschriebenen Merkmalen und dem Fundort

Mehr als 5 Blütenblätter, dazu gehört z. B. der Löwenzahn.

SEITE 96 BIS 111
Blaue Blüten

Blau, aber auch helles und dunkles Violett

Auch bei den blau blühenden Blumen gibt es eine breite Skala unterschiedlicher Farbnuancen von Blau: Hier findest du das Hellblau der Wegwarte, das kräftige Blau der Kornblume, das Tintenblau des Wiesensalbeis und auch das Blauviolett der Veilchen.
→ Außerdem sind hier Blumen mit Blütenfarben im Übergangsbereich zu Rot aufgeführt, etwa die Vogelwicke.
→ Es gibt aber auch Arten, die ihre Blütenfarbe von Rot nach Blau wechseln können oder in unterschiedlichen Farben blühen.

SEITE 112 BIS 121
Grüne und braune Blüten

Unauffälliges Grün oder Braun

In unserer heimischen Natur gibt es auch – allerdings selten – Blumen mit grünen oder unscheinbar bräunlichen Blüten.
→ Die bekannteste Art dieser Farbgruppe ist die Brennnessel mit ihren unauffälligen Blüten.
→ Und auch der eher auffällige Aronstab, dessen braunen Blütenkolben ein gelbgrünes tütenförmiges Hochblatt umgibt, ist hier einsortiert.

> **KURZINFO**
> Der Farbbalken hilft bei der Navigation durch das Buch

SEITE 38 BIS 65
Gelbe Blüten

Die Farbe Gelb als Blütenfarbe ist meist recht klar zuzuordnen. Sie reicht von blassgelb bis zum kräftigen Dottergelb.
→ Aber auch in dieser Kategorie gibt es Arten, die gelbe Blüten mit farbiger Zeichnung haben, wie etwa der Hornklee.

Blasses bis kräftiges Gelb

Rot, aber auch Rosa, Pink und Braunrot

SEITE 66 BIS 95
Rote Blüten

Blumen, die ganz eindeutig rot blühen wie der Klatschmohn, kommen in der heimischen Natur selten vor.
→ Die Farbgruppe Rot umfasst deshalb auch die Farbtöne Rosa wie bei dem bekannten Feldthymian, Pink wie beispielsweise bei der Roten Lichtnelke und Braunrot, etwa beim Großen Wiesenknopf.
→ Bei all den hier einsortierten Schattierungen überwiegt aber immer der Rotanteil in der Farbe.